高等职业教育“十四五”规划教材

种子生产与经营“双高”专业群系列教材

蔬菜、西甜瓜种子生产技术

贾丽慧　主编

中国农业大学出版社
·北京·

内 容 简 介

本教材通过行业企业调研，由校企专家从职业岗位分析入手，按照岗位工作过程、关键技术环节能力要求，结合职业资格证书和行业证书标准开发设计，以培养能直接从事蔬菜、西甜瓜制种技术推广和企业管理的高素质技术技能型人才为宗旨组织编写。

教材采用项目教学法和典型工作任务相结合的“理实一体化”教学改革模式，分为6个项目24个任务，较全面地介绍了蔬菜、西甜瓜种子生产的新技术、新方法。每个项目有明确的知识目标、技能目标、素质目标和理论基础、拓展知识，任务中设置工作任务与要求、工作程序与方法、常见技术问题处理等环节，通过完成各项目任务来掌握知识目标和技能目标，并完成相应的素质目标的培养和提高；采用实操或课业形式加深对学习目标的理解和掌握。教材附有视频、动画二维码和大量图片，图片拍摄于生产一线，清晰精美，方便教学应用和学生自主学习。

本书可作为高等职业教育种子生产类专业教材，也可供从事蔬菜、西甜瓜种子生产的技术人员参考。

图书在版编目(CIP)数据

蔬菜、西甜瓜种子生产技术/贾丽慧主编. --北京：中国农业大学出版社，2023.12
ISBN 978-7-5655-3131-6

Ⅰ.①蔬… Ⅱ.①贾… Ⅲ.①蔬菜-作物育种②西瓜-瓜果园艺③甜瓜-瓜果园艺
Ⅳ.①S630.38②S65

中国国家版本馆CIP数据核字(2023)第244117号

书　　名　蔬菜、西甜瓜种子生产技术
作　　者　贾丽慧　主编

策划编辑　张　玉　　**责任编辑**　张　玉　程书萍
封面设计　郑　川　李尘工作室
出版发行　中国农业大学出版社
社　　址　北京市海淀区圆明园西路2号　　**邮政编码**　100193
电　　话　发行部 010-62733489，1190　　读者服务部 010-62732336
　　　　　编辑部 010-62732617，2618　　出　版　部 010-62733440
网　　址　http://www.caupress.cn　　**E-mail**　cbsszs@cau.edu.cn
经　　销　新华书店
印　　刷　运河(唐山)印务有限公司
版　　次　2023年12月第1版　　2023年12月第1次印刷
规　　格　185 mm×260 mm　　16开本　　11.5印张　　285千字
定　　价　46.00元

编　委　会

主　编　贾丽慧（新疆农业职业技术学院）

副主编　魏照信（酒泉职业技术学院）

参　编　史　梅（新疆农业职业技术学院）

李红梅（新疆农业职业技术学院）

甘中祥（新疆农业职业技术学院）

杨梦娇（新疆农业职业技术学院）

李　路（新疆联创种业有限责任公司）

赵悦彤（新疆昌农禾山种业有限责任公司）

陈亮杏（新疆昌农禾山种业有限责任公司）

前　　言

党的二十大报告指出，深入实施种业振兴行动，强化农业科技和装备支撑。我国是果蔬生产大国，近年来，越来越多掌握相关技术的青年农业科技人才投身果蔬育种领域，为实现种源自主可控，保障国家粮食和种业安全作出了贡献，让人民群众吃上了更多自主培育的高品质果蔬。

随着蔬菜、西甜瓜种子生产新技术的不断发展，以及信息化手段在教学中的推广，学生的学习方式和获取知识的途径正在发生改变，这就对教材的形式和内容都提出了新要求。本教材按照高职高专教学改革新要求，在第 1 版教材基础上，结合近年来蔬菜、西甜瓜种子生产新技术、新标准进行了修订，其特点如下。

1. 融入思政元素，彰显了教材时代性

坚持落实立德树人的根本任务，服务“打赢种业翻身仗”，挖掘课程蕴含的思政元素，及时融入教材，同时实现对学生知识的传授和价值观的正确引导，助力乡村振兴。

2. 完成了新形态一体化教材的升级

针对学生学习方式的转变，配套开发了较为完善的课程资源包，主要包括视频 50 个、动画 7 个，在书中的相应位置添加了二维码，读者扫码或登录教学平台“中农 De 学堂”，能够对感兴趣的知识进一步学习，实现了传统教材向新形态教材的升级；同时为教师实施混合式教学模式提供了良好的工具资料。

3. 突出了教材的先进性、实用性

根据最新职教要求，坚持“双元”育人理念，引入行业企业人员参与教材修订，融入新技术，注重学生职业能力和实践技能的培养，全书按项目任务实施编写，脉络清晰，培养目标明确，使用方便。

本教材项目一由贾丽慧、史梅编写；项目二由魏照信、甘中祥编写；项目三由李红梅、赵悦彤编写；项目四由贾丽慧、陈亮杏编写；项目五由杨梦娇、李路编写；项目六由李红梅、魏照信编写。教材编写过程中李功、赖永明、杜锋、袁风景等提供部分图片素材，新疆农业职业技术学院刘志宏、新疆农业大学王惠林、昌吉市泰诺丰农业科技有限公司张勇等专家参与了审稿，并提出宝贵的意见和建议，在此深表感谢！

编　者

2023 年 2 月

目　录

数字资源目录

项目一
西甜瓜种子生产

我国西甜瓜产量和种植面积均居世界第一，每年西甜瓜生产需要西瓜种子 1 500 t、甜瓜种子 230 t，尤其是一些高产、抗病的优良品种种子需求量大。然而，我国生产的西甜瓜种子产量远不能满足生产需求，每年都需要进口。

新疆是我国西瓜的发源地之一。新疆光热资源丰富，降雨少，空气干燥，昼夜温差大，是典型的大陆性气候，也是我国西甜瓜生产的最适地区，生产的西甜瓜种子饱满，发芽率高，制种产量高，制种行业效益好，目前已成为我国最大的西甜瓜制种基地。

【知识目标】

1. 熟知西甜瓜形态特征与生长发育规律。
2. 掌握西甜瓜生长发育周期及对环境条件的要求。
3. 掌握西甜瓜制种基地的选择、落实的方法。
4. 熟知西甜瓜种子生产一般过程及技术要求。
5. 熟知西甜瓜种子质量要求及防杂保纯的方法。
6. 知道西甜瓜种子生产过程中工作质量检查的时期、内容和要求。

【技能目标】

1. 能够依据制种计划选择、落实制种基地，与农户签订制种合同，及时准确发放亲本种子。
2. 掌握西甜瓜杂交种子生产播前准备、播种、间定苗、整枝压蔓、水肥管理、病虫害防治等技术，能根据西甜瓜父母本的生长势类型、抗病性及株型、雌花性型、母本的坐果习性及植株对肥水的反应等品种间特征特性的差异，在制种工作中合理安排、管理亲本。
3. 能准确识别亲本特点，在制种生产过程中去杂去劣，并能监督和指导农户做好人工杂交授粉、种子消毒和晾晒等工作，保证制种西甜瓜种子的产量与质量。

【素质目标】

1. 热爱“三农”，助力乡村振兴：通过西甜瓜种子生产学习、实践，培养学生的“三农”情怀，践行“五爱”，具备艰苦奋斗、吃苦耐劳、乐业奉献的“种子精神”，助力区域乡村振兴。

续表

灌水覆膜	**灌水：**播种前 2～3 d 灌播前水，灌溉量依据土壤墒情、当地气候条件和土壤质地确定，开沟种植模式应在满沟状态中保持 0.5 h 左右，使水渗至距沟沿 10 cm 以外，土壤湿度均匀。膜下滴灌模式确保播种带 10 cm 范围内土壤湿润。 **覆膜：**开沟种植模式，播前 2～3 d 或播种当天灌水覆膜，可以先灌水再覆膜，也可以先覆膜再灌水，还可以边灌水边覆膜，具体工作程序可以根据当地生产习惯和生产企业要求等确定(图 1-4、图 1-5)。根据当地栽培习惯(即瓜沟的大小、覆膜方式)选择宽幅为 90 cm 的地膜。根据瓜沟水线，人工修整瓜沟使沟顶形成 20～40 cm 宽的平面带，沟沿形成 10 cm 的播种带，在播种带上喷洒多菌灵加晶体敌百虫，以防治猝倒病、疫病以及地下害虫。清除播种带上的土块、残留的杂草及硬性根茎等，然后覆膜。覆膜要求平展，松紧适度，两侧压实压紧，防止透气跑墒。 采用膜下滴灌栽培模式的，按确定好的行距铺设滴灌带并覆膜即可。  **图 1-4　先灌水再覆膜**  **图 1-5　边灌水边覆膜**
播种	**播种时间：**一般在 5 cm 地温稳定通过 15 ℃时即可播种，具体时间要依据本地区多年平均晚霜期及本年度气候、土壤情况适时安排播种期。西甜瓜杂交制种时父本播种要较母本播种提早 7～10 d，这样既保证父母本花期相遇，也可对父本进行纯度鉴定(图 1-6、图 1-7)。为防止父本遭受冻害，可以加盖小拱膜进行保护栽培(图 1-8)，遇低温加盖草帘，高温时适当放风，揭膜前要进行炼苗(图 1-9)。  **图 1-6　人工点播父本**  **图 1-7　点播作业**

续表

<table>
<tr>
<td>播种</td>
<td>

图 1-8　父本加盖小拱棚

图 1-9　父本炼苗

种子处理：督促制种农户在播种前将亲本种子进行粒选，去除杂粒、瘪籽，并进行种子消毒处理。种子处理可用 300 倍敌克松或 500 倍甲基托布津等进行浸种；也可以用 50～60 ℃的温水（即三开兑一凉）浸种 6～8 h 后清水漂洗干净；有条件的地方可以用干种子在 60～70 ℃ 恒温下处理 3 d，可以达到灭虫、杀死种传的霜霉病和枯萎病病菌的效果。

播种：父母本配比因组合不同而不同，一般比例以 1∶（15～20）为宜，个别地区或品种父母本比例可以 1∶（20～40）。

根据品种特性来确定株距，大果型母本适当稀播，小果型母本适当密播。西瓜母本株距 15～20 cm，甜瓜 20～30 cm，每公顷保苗 22.5 万～37.5 万株；父本株距 18～30 cm，每公顷保苗 1 200～1 800 株。

人工点播，在距瓜沟边缘 3～5 cm 水线处或滴灌带外侧 5 cm 范围内打播种穴，穴口要小，每穴播种 1～2 粒种子，注意撕净穴口地膜，播种深度 1.5～2 cm，要使种子与土壤湿墒充分接触，上盖泥沙土或潮湿土 3～4 cm，封严穴口，覆土方式可以根据当地气候条件、土壤条件或栽培习惯确定。如果春季雨水少或土壤疏松的地块，播种时用潮湿土盖严实播种穴即可；如果春季雨水多或土壤黏重的地块，可用细沙土封盖播种穴，防止下雨板结，以利于出苗整齐，减少补种工作环节，缩短人工授粉时间。工作期间认真负责，确保不发生混杂（图 1-10、图 1-11）。

图 1-10　母本点播作业

图 1-11　父母本错期播种生长情况（左母本，右父本）
</td>
</tr>
</table>

三、常见技术问题处理

1. 开沟种植，如何确保瓜沟行距一致？

在制种田平整土地之后，根据品种特征确定沟距。西甜瓜杂交制种沟心距早熟类型一般1.6～1.8 m，中晚熟类型一般1.8～3.5 m，行向南北向，用卷尺丈量确定（图 1-12），并用草棍插于地头作为标记，以方便拖拉机开沟时参照（图 1-13），保证瓜沟沟距一致，行向平直。

图 1-12　测量确定行距

图 1-13　插标记

图 1-14　人工开穴施肥

2. 施基肥的方法有哪些？

传统开沟种植模式，施基肥的方式有两种：一种方式是在春播前进行，沿瓜沟中心线两侧 40～50 cm 处开一条与瓜沟平行的施肥沟，沟深 25～40 cm，根据地况每公顷施磷酸二铵 300～375 kg，过磷酸钙 300 kg。另一种方式是播种前在瓜沟两沿内侧打穴施肥，穴离沟沿 20～25 cm，深 20～25 cm，穴距为 40～50 cm，每公顷施肥量与开沟施肥相同（图 1-14）。采用膜下滴灌模式的，结合播前灌水随水滴施即可。

3. 如何做好土壤播前处理？

为防止土传病害发生，播种前要采用药剂处理，具体土壤消毒方法有：在未铺地膜前浇播前水时，在瓜沟内用水冲施敌克松或多菌灵，每公顷用药 15 kg（图 1-15、图 1-16）。药液随水渗入土壤后立即覆盖地膜，经膜内高温和药液的共同作用，可杀死大部分土壤病菌，达到预防苗期病菌侵染的目的，同时使植株吸收药液，提高抗病性。也可以每 10 kg 细沙土加入 5 g 敌

图 1-15　撒施土壤消毒剂

图 1-16　随水冲施土壤消毒剂

克松与 5 g 金雷多米尔，充分搅拌均匀，覆膜前撒于畦面。另外，播种时也可用毒土对种子下铺上盖，预防猝倒、疫病的发生。

任务二　苗期、伸蔓期田间管理

微课：西甜瓜种子生产田间管理技术

微课：西甜瓜种子生产植株调整技术

一、工作任务与要求

西甜瓜的雌花分化在苗期进行，瓜苗健壮利于提高雌花分化的质量，使雌花的子房大，利于坐果。另外，瓜苗整齐健壮，能够集中授粉，可在较短时间内完成授粉任务，减少授粉的工作量。当幼苗长到 3～4 片真叶时，技术管理人员要组织农户及时定苗，指导农户结合定苗去杂，首次将杂株和病弱苗剔除，督促农户及时清理干净田间杂草，瓜苗伸蔓时依品种特点按要求整枝压蔓，做好前期田间管理工作。

二、工作程序与方法

查苗、间定苗	**查苗**：西甜瓜播种后 7～10 d 即可出土，在出苗 3 d 内要及时对各制种户出苗情况进行调查，统计出苗率，出苗率在 90%以下要及时用同一亲本种子及时进行补种，补种的种子必须提前做好消毒，再进行浸种催芽，种子露白即可播种。 **间定苗**：西瓜父母本分别出苗后，瓜苗长到 3～4 片真叶时进行间定苗，甜瓜 2～3 片真叶时间苗，4～5 片真叶时定苗。结合间定苗进行去杂去劣，将叶色、叶形不一致的杂苗、弱苗、病苗去除，每穴留一株，如遇缺苗，相邻的幼苗选留 2 株。在间定苗时，为避免伤苗，淘汰瓜苗勿连根拔起，用手掐断子叶下端幼茎即可(图 1-17)。  **图 1-17　掐断苗茎间定苗**
病虫害防治	督促制种农户及时开展病虫害防治。采用亲自下地调查或询问制种农户的方法及时了解制种田病虫害发生、发展情况，发现病虫中心株及时拔除，带出田地深埋销毁。

续表

苗期去杂	结合间定苗将叶色、叶形、株形、幼果的果形、植株上刚毛的有无、有无黄化等与亲本特性不相符的杂株和病株拔除(图 1-18)。  **图 1-18　去杂检查**
整枝、倒蔓、压蔓	**倒蔓:**在甜瓜瓜苗长至 5～6 片真叶时进行倒蔓,倒蔓时将茎部靠畦内一侧的土壤轻轻拨开,使其成为一个宽 5 cm,深 5～8 cm 的小槽,顺势将茎蔓倒向槽内并抹去第 1、2 个侧蔓(芽),并在靠近瓜沟的一侧培土,填沟压蔓(用土或土块、不许压上生长点),使瓜秧按预定的方向生长(图 1-19)。  **图 1-19　甜瓜倒蔓作业** **整枝:**西甜瓜父本一般不整枝,将枝蔓上的雄花全部保留,便于采花授粉(图 1-20、图 1-21)。西瓜母本一般用单蔓整枝法,要多次打杈去掉全部侧蔓,直到坐住瓜为止(图 1-22、图 1-23)。甜瓜母本采用单蔓整枝,有主蔓"一条龙"和子蔓"一条龙"2 种方法,将母本植株主蔓、子蔓上的雄花全部抹除干净,只留雌花进行杂交授粉。  **图 1-20　西瓜父本不整枝**  **图 1-21　甜瓜父本不整枝**

续表

整枝、倒蔓、压蔓

图 1-22　西瓜母本单蔓整枝作业

图 1-23　西瓜母本单蔓整枝

主蔓“一条龙”整枝法是摘除 3～4 片叶内的侧蔓，5 片叶后侧蔓留 1 叶摘心，7 片叶后侧蔓留 2 叶见瓜摘心，用于杂交授粉，直到瓜坐住后停止整枝打杈(图 1-24、图 1-25)。

图 1-24　甜瓜母本“一条龙”(一)

图 1-25　甜瓜母本“一条龙”(二)

子蔓“一条龙”整枝法是指瓜苗长至 3～4 片真叶时，对主蔓摘心，并抹去第 1 节的侧芽，待第 2 节、第 3 节的子蔓长出后，选留 1 条健壮的子蔓，孙蔓长出后，将基部发出的第 1～6 节孙蔓留 1 片叶摘心，第 6 节以后的孙蔓有雌花的留 2 叶摘心，无雌花的留 1 叶摘心。整枝要在晴天上午气温较高时进行，阴雨天操作植株伤口易侵染病菌。操作时用医用酒精或磷酸三钠擦洗手及用具，可杀灭病菌，防止病害传播。

压蔓：西瓜、甜瓜基生叶下面的节比较容易折断，所以在蔓长近 30 cm 时，应及时压蔓护根，瓜根部埋土加以固定，以防被风吹断，并按一定的方向把茎蔓压住，方法是在 6～7 片真叶时，将茎蔓理顺，用土块压住茎蔓，一般 5～7 节压一次，操作时尽量轻压，尽量避免伤口，以减少病菌入侵的机会。压蔓时遇到雌花，一定要在花的前后各留 1～2 节不压，以防积雨或影响授粉坐瓜，一般生长势强的重压、勤压，反之，可远些、轻些。另外，果实前面应该重压，果实之后的节位要轻压，有利于光合产物向果实运输(图 1-26)。

图 1-26　压蔓作业

二、工作程序与方法

适时灌溉	按照西甜瓜栽培技术要求，实施灌溉。苗期灌水次数、时间依土质及气温而定，苗期在保持土壤一定湿度的情况下，适当控水蹲苗，以利于幼苗扎根。伸蔓期水分要求充足，一般情况下，沟灌的7～10 d灌水一次，避免中午灌水，灌水深度以沟深的2/3～3/4为宜。灌溉时沟内水线与种植行保持10 cm以下的距离，以免引发根茎部病害。滴灌的每4～5 d滴水一次。
授粉用具准备	督促农户在农闲期间和授粉之前准备好下列授粉工具。 **纸帽：**可用书报杂志卷成口径1.5～2 cm、高2.5～3 cm的纸帽，帽顶须封严，以免昆虫钻入。每公顷准备3万个。 **橡胶圈、镊子：**橡胶圈直径2～3 cm。 **采花器皿：**带盖的纸盒或罐。 **消毒药品：**75%酒精溶液若干。 **标志记号材料：**用红毛线剪成8～10 cm短节，也可用红油漆涂抹瓜秧或瓜柄，目前较常用的还有在瓜柄套橡胶圈的做法。此外还需要准备高30～40 cm的树枝或芨芨草棍用于标记授粉雌花。
授粉前去杂	根据叶形、叶色、株型、茸毛、幼果形状及颜色等特征，及时拔除杂株、劣株及可疑株。对父母本瓜株均应逐株检查，确定杂株全部清除后，方可选花授粉。尤其对于父本植株，在采雄花之前，需要认真鉴定，将株型不一、叶型不一、子房形态不一的杂株彻底拔除，确保父本植株纯正。
去雄隔离和套帽隔离	**去雄隔离：**西瓜用于杂交制种的亲本一般都是单性花，但甜瓜多为两性花，需进行人工去雄。母本是两性花的类型，在授粉前一天18:00左右从制种地的一头开始，逐株寻找花冠呈明显黄色蓬松、子房较大的第二天早晨要开的雌蕾进行去雄（图1-28）。甜瓜选择第3～5子蔓上子房大、颜色正、发育正常、次日即将开放的雌花，西瓜选择第二或第三朵雌蕾，将其花冠剥去，用镊子或其他适用的工具小心除净紧贴在柱头边上的3个乳黄色雄蕊，去雄动作要轻，避免损伤柱头，每去一朵花镊子都要在酒精溶液中清洗，以防镊子携带花粉，去除的花药带出田外掩埋，不得随手丢弃，以免散粉引起混杂（图1-29）。母本是单性花的类型只需套帽隔离，无须去雄。  **图1-28　母本田找寻雌花**  **图1-29　母本两性花去雄**

续表

去雄隔离和套帽隔离	去雄后的雌蕾要戴上纸帽，将柱头盖住，避免昆虫干扰（图 1-30）。不需去雄的母本植株也需将次日要开的雌蕾戴上纸帽。甜瓜雌花较多，一株上常有 2 朵以上的雌花同时开放，可将健壮的雌蕾去雄套帽，其余摘除。同时在该株前插一根长 30～40 cm 的细树枝或芨芨草棍作为标记，以利于次日清晨授粉时醒目好找，提高工作效率（图 1-31）。  **图 1-30　去雄后套帽隔离**  **图 1-31　母本雌花套帽标记** 对第二天要开放的父本雄花也要用纸帽套住或在当天下午直接采摘，第二天用以授粉。 **套帽隔离**：选择第二天即将开放的母本雌花以及父本雄花轻轻将纸帽套好，插上芨芨草棍做好标记。
采花	在父本植株上采摘雄花。 **方法一**：在采花前一天下午把次日将开的父本花蕾采下（花冠已呈淡黄色），放置盆中喷洒少许雾化水后盖上报纸，或放入保温盒中，放在较暖处，促其提早成熟散粉，第二天一早即可用来授粉（图 1-32）。  **图 1-32　父本田采集的雄花** **方法二**：在授粉前一天 18:00 后，给次日将开的父本雄蕾套帽，第二天一早采摘雄花，待雄花散粉后即可用来授粉。 两种方法可同时采用，这样可保证从早到授粉结束都有充足的雄花供粉。注意不要采摘前一天开放过的雄花或未套帽的雄花。
杂交授粉	**授粉时间**：西瓜、甜瓜都属于半日花，西瓜一般晴暖天气 7:30—10:00 是适宜的授粉时间，最迟不迟于 11:00，阴天或气温低时，可适当延迟，以 8:00—12:00 较好，雨天因空气湿度大，花药的出粉率低，花粉的萌发率亦低，一般不进行授粉，须将当日开的雌花全部摘除。

续表

杂交授粉	**授粉方法：**取出雄花，右手拿着雄花花柄，剥去或撕下花冠，左手食指和中指轻轻夹着雌花花托，将父本雄蕊花药轻轻地涂抹在母本雌花柱头上（肉眼见有均匀黄色花粉即可）。授粉后立即套上纸帽，并在花柄上套上橡胶圈或在坐瓜节茎蔓上涂上红油漆作为杂交授粉的标记，标记位置应做到一致、明显、牢固，标记物不宜采用布条、毛线，以免发生鼠害，失去标记。超过授粉最佳时间，可见雌花柱头水渍状，授粉受精能力下降，需要停止授粉，并及时摘除未授粉或未套帽的雌花（图 1-33 至图 1-37）。  图 1-33　授粉作业  图 1-34　授粉后套环标记  图 1-35　标记后套帽隔离  图 1-36　授粉完成  图 1-37　甜瓜杂交授粉标记 一朵雄花可授 3～4 朵雌花，西瓜每株杂交坐果一个即可，个别难以坐果的需授 2～3 个瓜，甜瓜一般要集中同时授 2～4 个瓜。最终保证西瓜每株坐果 1 个，甜瓜大果型品种坐果 1～2 个，小果型品种坐果 2～3 个即可。授粉后 3～5 d 检查坐瓜情况，未坐瓜者继续选雌花授粉，直至坐瓜为止。

续表

坐果期去杂	人工授粉结束，必须坚决彻底清除，以防混杂；对于果实形状、条纹、叶形等与母本不一致的植株也要拔除。全田授粉结束后，应该按品种特性选留适当的坐果数，尤其是甜瓜需及时把多余的或不正常的幼果摘除，当果实 80%～90%鸡蛋大小时彻底清除无授粉标记的自然瓜和杂瓜，拔除病株、劣株等。
铲除父本	杂交西甜瓜制种田母本授粉工作结束后一周内，要立即将整个制种田的父本全部铲除干净，严禁父本植株坐果留种，对砍除的父本可以带出田外深埋，也可以饲喂家禽、家畜，还可以就地掩埋于父本瓜沟内(图 1-38)。总之，父本必须彻底砍除，一株不留。  **图 1-38　父本砍除后就地掩埋**
病虫害防治	及早调查田间病虫害发生发展情况，采取综合防治、“前防后治、前稀后浓”的原则，防治病虫害的同时，加入适量磷酸二氢钾或氯化钙等微肥配合使用，以提高西甜瓜自身抗病能力。

三、常见技术问题处理

1. 开花期病害有哪些？如何防治？

杂交授粉前后是西甜瓜制种过程中病害发生最严重、最集中的时候，每天要仔细观察，一旦发现有某种病害侵染，要及时防治。

(1)白粉病　俗称“白毛病”“粉霉病”，发病初期，叶片的正面或背面长出小圆形白色粉状霉点，逐渐扩大成较大的白色粉状霉斑，严重时整个植株叶片被白色粉状霉层所覆盖，叶发黄变褐、质地变脆。后期有时白粉层中出现黄色后变成黑褐色的小粒点。

防治方法：增施磷钾肥和微量元素肥，促进西瓜植株健康生长；适期预防，调查白粉病在田间零星发生情况，也可于 6 月下旬在全田喷洒保护剂。可选用硫黄粉、硫黄悬浮剂、百菌清(达科宁)等；田间普发时，使用治疗性药剂进行防治。可选用三唑酮、甲基硫菌灵、腈菌唑、氟硅唑等药剂轮流均匀喷施。7～10 d 喷 1 次，连喷 2～3 次即可。

(2)霜霉病　甜瓜的毁灭性病害，在整个生育期均可发病，主要为害叶片。苗期发病，叶片正面出现不均匀的褪绿黄化，子叶失绿干枯，并逐渐向真叶发展，使幼苗枯死。成株期发病，初期叶片上呈水渍状淡黄色小斑点，后病斑逐渐扩大，呈多角形，黄绿或淡褐色，当田间湿度大时，叶背面长出灰黑色霉层。病情由植株下部逐渐向上蔓延发展。当环境条件适宜时，病斑迅速扩展增多，连成一片，除心叶外全株叶片干枯卷缩。

防治方法：加强田间管理，保持通风透光；以预防为主，阴雨来临之前喷药预防，雨后及时补喷；发现中心病株后要及时摘除病叶，并立即喷药防治；可选用代森锰锌、波尔多液、甲霜灵·锰锌、百菌清等喷雾防治。注意喷施到叶片的正反两面。

（3）病毒病　新叶表现出明显的褪绿斑驳形花叶或皱缩叶，节间缩短，植株矮化。或新叶狭长，皱缩扭曲。

防治方法：发病初期及时拔除病株；在整枝、压蔓、授粉等田间作业时，先进行健株后进行病株；蚜虫是病毒病的主要传播者，应以治蚜防病为主。可选用吡虫啉、啶虫脒等；喷施盐酸吗林胍防治病毒病；喷施磷酸二氢钾增强抵抗力。

2. 开花期虫害有哪些？如何防治？

美洲斑潜蝇：幼虫生活方式隐蔽，潜食叶肉，形成先细后宽的蛇形弯曲或蛇形盘绕虫道，其内有交错排列整齐的黑色虫粪。一般一虫一道，1 头老熟幼虫 1 d 可潜食 3 cm 长。以老熟幼虫在叶片正面潜道末端 1 cm 处咬一半圆形小孔爬出，多数从叶面滚落土中化蛹，少数在叶片或叶柄上化蛹。

美洲斑潜蝇成虫有飞翔能力，但飞行距离仅 100 m 左右，自然扩散能力不强。

防治方法：严格检疫，防止斑潜蝇远距离传播；定期清除有虫叶，可减少虫源。化蛹期摘除带蛹老叶，落地蛹结合田园管理，及时刮除地表浮土；采用黄板或黏虫纸诱杀成虫，也可采用灯光诱杀；保护利用天敌；在成虫羽化高峰期可选用 40.7%乐斯本乳油 1 000 倍液，或 10%氯氰菊酯乳油 2 000～3 000 倍液，或 18%杀虫双水剂 500 倍液，或 50%蝇蛆净粉剂 2 000 倍液等药剂进行防治。

3. 如何判断杂交授粉后是否坐瓜？化瓜如何处理？

杂交授粉的西瓜子房在 3～4 d 后迅速膨大发育（鸡蛋大小），果实具有光泽，茸毛开始褪去，子房向下弯曲，表明该果实已坐住，可停止该株授粉（图 1-39）。

西甜瓜授粉后，子房不能迅速膨大，2～3 d 后开始萎缩、变黄，最后干枯或烂掉就是化瓜（图 1-40）。

图 1-39　坐瓜

图 1-40　化瓜

引起化瓜的原因很多，归纳起来有以下几方面：温度忽高忽低或湿度过大过小都影响花粉发育和花粉管伸长；连续阴冷低温天气，植株不能进行光合作用；土壤水肥条件不好，雌花发育不良或植株生长过弱；栽培过密，氮肥施入过多，整枝摘心不及时等，造成植株生长过旺，营养生长和生殖生长不协调；授粉不良以及柱头机械损伤等，导致雌花授粉不良。为了防止化瓜，提高坐果率，可以采取合理密植，科学开展水肥管理，及时整枝摘心等措施。

4. 母本生长过旺，不易坐瓜怎么处理？

西瓜母本植株生长过旺时，可在主蔓上留 2～3 个侧蔓，侧蔓长出 2～3 叶时摘心并抹去腋芽，摘除其余侧蔓，目的是利用侧蔓控制主蔓生长，以利于主蔓坐瓜。授粉瓜坐果后，以后节位上的雌花应及时摘除，以防坐瓜导致营养竞争而使授粉瓜化瓜，或引起混杂。

5. 如何提高无籽西瓜坐果率？

无籽西瓜在生长期用 0.4%尿素或 0.2%磷酸二氢钾根外追肥，每 7～10 d 喷 1 次，连喷 3 次，有利于花蕾发育；始花期用 0.1%或 0.2%硼酸水溶液每 5 d 喷 1 次，连喷 3 次，可有效地防止落花落果，提高授粉坐果率。

6. 西甜瓜制种过程中父本雄花开花过晚或花粉不足如何处理？

在制种过程中遇到父本开花太迟，应减少对父本水分和营养的供应，促使雄花发生；花粉不足时，可将父本主蔓摘心，抑制顶端优势，促使侧蔓生长，增加花数以满足授粉需要。

任务四　结果期管理

一、工作任务与要求

人工杂交授粉以后，应及时做好瓜田管理工作。主要是根据制种西甜瓜的长势、土壤水分状况及时灌水，确定合适的灌水定额，既能满足果实生长的需要又不会造成灌水过多而化瓜。依据品种特征，对长势过旺的植株进行摘心，减少营养消耗，促进同化产物向果实运输。及时发现、预防病虫害，确保种子产量。

微课：西甜瓜种子
生产坐果期管理技术

二、工作程序与方法

灌溉追肥	**灌水**：人工授粉 5～7 d 后，全田 70%以上幼果坐稳（瓜如鸡蛋大小）时灌水，以促使果实及种子充分发育。果实迅速膨大至成熟应酌情灌水 2～3 次，在果实成熟前 10～15 d 停止灌水，以利于种子充分生理成熟，显现品种固有色泽。 **追肥**：在膨瓜期结合灌水，每公顷追施尿素 75～120 kg 加磷酸二铵 150 kg 则可促进生长，防止植株早衰，并能提高种子产量、质量。
摘心	当瓜秧已经铺满行间，瓜已经坐住，进入肥大期时，为了防止营养生长与果实争夺养分，可进行摘心。
病虫害防治	此阶段气温高、降雨多，是西甜瓜果实膨大生长的关键时期，也是病虫害发生的高峰期，一定要做好病虫害的防治工作，及时发现及时防治，一般在发病初期拔除病株，然后喷药防治。

三、常见技术问题处理

1. 结果期病害如何防治？

(1)蔓枯病也叫黑腐病、黑斑病、褐斑病，因引起蔓枯而得名。在瓜的整个生育期，地上各部位均可受害。病株幼苗初现水渍状小斑，后呈环状黑色或棕黄色病痕，不久全株软腐死亡。感染叶片初为浅褐色水渍状小点，后逐渐扩大成直径为 1～2 cm 的圆形、近圆形或不规则形的黑褐色大斑，常见叶缘受害，形成黑褐色弧形、楔形大斑，病部干枯，表面散生有黑色小粒点。

续表

<table>
<tr><td>发酵</td><td>将打籽后的种子与瓜汁按照 1∶2 比例倒入事先清洗消毒的塑料桶中，放置在干净的发酵场地进行发酵，能将种子表皮的病菌全部或部分杀死，降低种子带菌的可能性，同时经过发酵，种子和瓜瓤分离，利于种子的漂洗。发酵期间不能高温曝晒，以免影响种子发芽率，不能向发酵桶中加水，以防种子发芽，不能用铁器物盛装、搅拌，以免浅色种子变色；每 2 h 左右搅拌一次，直到种子下沉，果皮与瓜瓤等杂质漂浮到表面，说明发酵已经完成，发酵完成的种子及时进行清洗(图 1-48)。

图 1-48　发酵
发酵期间注意环境条件控制，不同品种种子分开进行，以免混杂。发酵期间随时观察，以防影响种子质量。</td></tr>
<tr><td>清洗</td><td>发酵完成后清洗种子，清洗种子要用干净的水，禁止用河水、湖水或渠道里的灌溉用水等地表水清洗种子，以免造成种子带菌。将分离出的瓜瓤、秕籽、杂质全部漂洗干净，将种子表面的黏液用手搓干净，再用清水漂洗干净，将水滤尽，去除对种子发芽有抑制作用的物质(图 1-49)。

图 1-49　清洗
种子清洗可用塑料制品或木制品、竹制品，严禁使用金属器具，以免污染种子表皮，影响种子外观色泽。</td></tr>
<tr><td>种子药物消毒</td><td>种子带菌是一种病菌传播途径，种子药物消毒可减轻病害传播。方法是将消毒液(1%盐酸或过氧化氢或次氯酸钠，也可以用苏纳米溶液或过氧乙酸)与水按 1∶79 配比，种子、药液比为 1∶2，将经发酵后用清水洗净的种子放入配好的药液中浸泡 15 min，并不断搅动，然后再将种子捞出，表面药液进行晾晒。</td></tr>
</table>

续表

种子药物消毒	种子消毒过程中，操作人员必须配戴眼镜、胶手套、围裙，防止对人体造成危害(图 1-50)。  **图 1-50　种子消毒**
晾晒	晾晒种子要放置在干净的布单、席子及麻袋等物上，场所要通风，厚度不超过 2 cm，需经常翻动，晚上收起时，不可堆积过厚，在炎热的晴天下晒 1～2 d，即可将种子晒至安全水分。有条件的地方也可以用烘干法。
清选	种子晾干后，随即进行机械清选或簸扬、筛选，将瘪籽、杂质等清选干净(图 1-51)，并将种子进行人工粒选，将杂籽、畸形籽、色泽不一籽清除(图 1-52)。然后存放在洁净的麻袋、布袋或编织袋内，同时将每一包装袋内外均放置标牌，写明品种、袋号、户名、数量、年份，以待进行种子田间纯度检验和室内检验。  **图 1-51　种子机械清洗**  **图 1-52　人工粒选**
装袋待检	将清选干净的种子存放在麻袋、布袋或编织袋内，同时将每一包装袋内外均放置标牌，写明品种、袋号、产地、户名、数量、年份，扎紧扎牢袋口，不同品种要单装、单收。将种子袋放在干燥、无污染、无虫鼠害的地方，经常查看，防止种子返潮霉变(图 1-53)。  **图 1-53　装袋待检的种子**

续表

取样	按要求扦取样品，摊成 2 cm 厚的方形，按棋盘式取样，“四分法”编排样本至规定量。
检验	西甜瓜种子检验依 GB 16715.1—2010 标准执行，在田间去杂的基础上进一步进行室内鉴定和南繁种植鉴定。室内鉴定包括种子发芽率、水分、千粒重、净度检验，南繁种植鉴定主要测定杂交率。西瓜杂交种纯度不低于 95%，发芽率不低于 90%，水分不高于 8%，净度不低于 99%。甜瓜杂交种纯度不低于 95%，发芽率不低于 85%，水分不高于 8%，净度不低于 99%。
收购包装	对检验合格的种子要及时组织农户进行定量包装并交售。按照种子管理规程和本公司要求统一进行包装、销售。

三、常见技术问题处理

1. 西甜瓜杂交种子采收时间如何确定？

根据果实发育期，西瓜一般授粉后早熟种 30～32 d、中熟种 35～40 d、晚熟种 40～45 d 采瓜；甜瓜从雌花开放到果实成熟，一般早熟种约 30 d，中熟种 35 d 左右，晚熟种多在 40 d 以上即可成熟。当杂交授粉果实内的种子达到生理和形态完全成熟时进行收获，对制种田区的杂交果依所做的二次标记进行采收。采收时，对果形不一、皮色不一、条纹色不一、形状不一和植株不具备母本特性的果实以及有病腐烂的果实全部清除，严防混杂。对有杂交授粉标记且与母本特征特性一致的杂交果实统一采收、堆放、鉴别、破瓜取种。要根据天气预报，选择晴好天气上午进行采种。

2. 如何快速晾晒种子？

晾晒种子要放置在用塑料纱网制作的网筛上，网筛距地面 1 m 高。要勤翻动，以利于种子干燥均匀(图 1-54)。晾晒种子时切勿放置在塑料薄膜、铁器制品和水泥地面上，防止高温暴晒将种子胚烧伤烫死而丧失发芽能力。适宜的晾晒承载物是塑料纱网筛、竹筛、帆布、床单等透气良好的物品。若遇阴雨天气，有条件的地方可采用风干机烘干种子(图 1-55)。在炎热的晴天下，晒 1～2 d 即可将种子晒干至安全水分，达到国标规定的 8%以内。种子干燥后将种子妥善存放，切勿放置在潮湿的环境中，以免吸潮变质。

图 1-54　种子高架晾晒

图 1-55　风干机风干种子

3. 无籽西瓜“三低”问题如何解决？

为解决无籽西瓜采种量、发芽率、成苗率“三低”问题，可在其 8～9 成熟时收获，立即剖瓜淘洗，不进行发酵，并快速烘干。

【理论基础】

一、西瓜制种理论基础

(一)形态特征与生长发育规律

1. 根

西瓜为直根系，根系发达，分布广而深(图 1-56)，主要根群分布在 30～40 cm 的耕作层内，可以吸收利用较大容积土壤中的营养和水分，吸收水肥能力强，比较耐旱。但根系木栓化较早，再生能力差。西瓜根系不耐水涝，在土壤结构良好、空隙度大、土壤通气性好的条件下根系发达。

微课:西瓜生物学特征

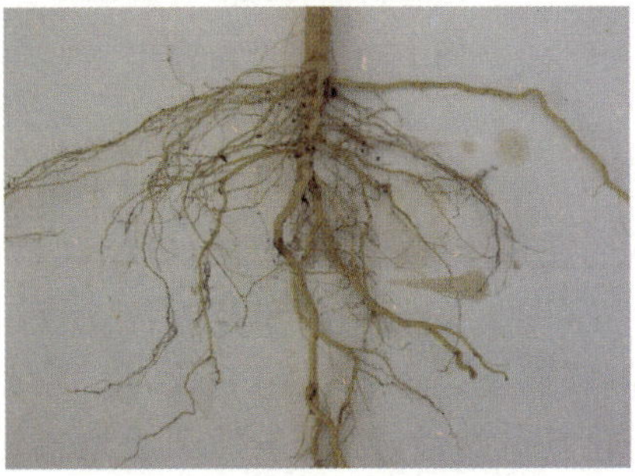

图 1-56　西瓜的根

2. 茎

西瓜的茎俗称瓜蔓、瓜秧。西瓜茎蔓生，中空。幼苗期茎直立生长，节间短缩，4～5 节后节间伸长，开始匍匐生长(图 1-57)。西瓜茎蔓长度因品种及栽培条件而异，一般节间长 10 cm 左右。节上着生叶片，叶腋间着生卷须、雄花或雌花。茎基部易发生不定根。西瓜的分枝性强，根据品种、长势可以形成 3～4 级侧蔓，尤其基部 3～5 节分生的侧蔓出现早，而且生长健壮，在整枝时可留作基本子蔓(图 1-58)。

图 1-57　西瓜茎蔓匍匐生长

图 1-58　主蔓与侧蔓

3. 叶

子叶两片，椭圆形。若出苗时温度高，水分充足，则子叶肥厚。子叶的生育状况与维持时间长短是衡量幼苗素质的重要标志。真叶为单叶，互生，前两片真叶缺刻少，为基生叶(图

1-59)。第 3 片真叶以后叶面积逐渐增大,呈现本品种固有特征,依品种不同有深裂、浅裂和全缘叶等(图 1-60)。早熟品种叶片小,中晚熟品种叶片较大,叶片密生茸毛并具有蜡粉。

图 1-59　子叶与真叶

图 1-60　不同叶形

4. 花

动画:西瓜开花过程

西瓜的花单生,着生于叶腋,雌雄同株异花(图 1-61),个别品种为两性花(图 1-62),花瓣和花萼各 5 枚,花冠黄色,子房下位,柱头 3 裂,侧膜胎座。雄花花药 3 枚,呈"S"形扭曲状。西瓜雌雄花的性型分化具可塑性,环境条件和栽培措施可影响雌雄花的着生节位和比例。雄花的发生早于雌花,雄花始花节位一般为 3～5 节,雌花始花节位为 5～11 节,早熟品种在主蔓第 5～7 片叶出现第一雌花,中晚熟品种在主蔓第 7～9 片叶出现第一雌花,以后每间隔 3～6 片叶出现一朵雌花,子蔓雌花出现节位较主蔓低;雌花柱头和雄花的花药均具蜜腺,靠昆虫传粉。西瓜为半日花,清晨开放,午间闭合。

图 1-61　雌花与雄花

图 1-62　雌花(左)与两性花(右)

5. 果实

瓠果,果实有圆形、椭圆形、筒形等,单瓜重一般 1.5～15 kg;不同品种间果皮厚度及硬度差异较大,果皮有绿色、浅绿色、墨绿色或黄色等,表面有条纹、网纹或无,果面平滑或具棱沟(图 1-63)。瓜瓤由胎座发育而成,瓜瓤颜色有大红、粉红、橘红、黄色及白色等,质地硬脆或松软。瓜瓤含可溶性固形物 8%～12%(图 1-64)。

图 1-63　果实类型

图 1-64　果实横切

6. 种子

西瓜种子扁平，卵圆形或长卵圆形，着生于侧膜胎座。种皮白色、棕色、褐色、黑色等多种，单色或杂色，表面平滑或具裂纹。种子千粒重不同品种间差异较大，小粒种子千粒重 20～25 g，大粒种子千粒重 70～100 g，一般为 40～80 g。种子寿命 3 年(图 1-65)。

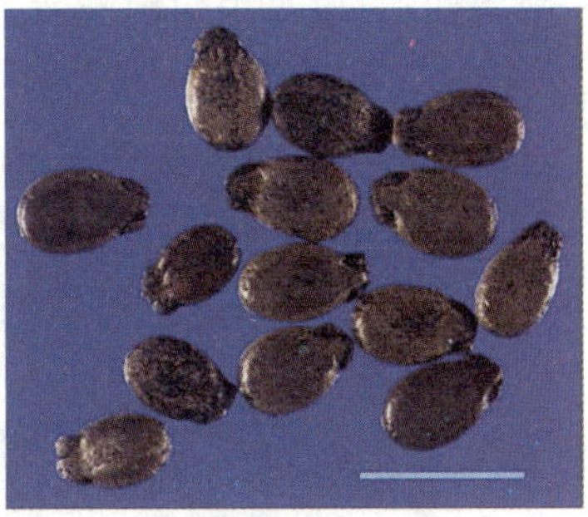
图 1-65　西瓜种子

(二)生长发育周期

西瓜的生育期一般为 90～120 d，可划分为发芽期、幼苗期、伸蔓期、结果期 4 个时期，各时期具有不同的生长发育特点。

1. 发芽期

从种子萌动至第 1 片真叶显露为止，在 25～30 ℃条件下需 10 d 左右。这一阶段主要是利用种子内部贮存的养分供胚芽萌动生长和胚根伸长。地上部干重的增长量很少，胚轴是生长中心，根系生长较快。此期要求适宜的水分、温度和通气条件(图 1-66)。

2. 幼苗期

从第 1 片真叶显露至第 4 片真叶完全展开，在适宜条件下，通常需要 25～30 d。此期茎蔓节间短缩，植株直立，俗称“团棵”，叶片较小，地上部干、鲜重及叶面积的增长量小，但生长速度较快，根系生长加速。侧蔓、花芽的分化旺盛，此期结束时，主蔓 17 节以内的花芽已分化完成(图 1-67)。

图 1-66　发芽期

图 1-67　幼苗期

3. 伸蔓期

由第 4 片真叶展开开始，到留果节位雌花开放时结束，历时 18～20 d。此期节间伸长，植株由直立生长转为匍匐生长，雄花开花前根系继续旺盛生长，茎叶生长开始加快，雄花开放后植株生长逐渐转变成以茎叶生长为中心，同时雄花、雌花陆续分化、孕蕾和开放(图 1-68)。

4. 结果期

从留瓜节位雌花开放到果实成熟，在适宜条件下需 30～40 d，一般早熟品种 30 d 左右，中熟品种 35 d 左右，晚熟品种 40 d 及以上。此时由营养生长过渡到生殖生长，茎叶的增长量和生长速度仍较旺盛，果实的生长刚刚开始，随着果实的膨大，茎叶的生长逐渐减弱，果实为全株的生长中心。此期又可分为坐果期、膨瓜期和成熟期。

坐果期：自留瓜节位雌花开放至果实褪毛(幼果表面茸毛褪净，果实开始发亮)(图 1-69)，需 4～6 d，是以营养生长为主向生殖生长为主的过渡阶段。

图 1-68 伸蔓期

图 1-69 坐果期

膨瓜期：从果实褪毛到果实定型，在适宜条件下需 18～26 d，此期以果实生长为中心，是决定产量高低的关键时期(图 1-70)。

成熟期：从果实定型至果实成熟，需 5～10 d。此期果实膨大已趋平缓，以果实内物质转化和种子发育为主，是决定西瓜品质和种子产量、品质的关键时期。

图 1-70 结果期

(三)对环境条件的要求

西瓜生长最适宜的气候条件是温度较高、日照充足、空气干燥的大陆性气候。

1. 温度

西瓜喜温耐热，适应温度范围为 10～35 ℃，不耐低温，气温降至 15 ℃时生长缓慢，10 ℃时停止生长，西瓜发芽适温为 25～30 ℃，低于 15 ℃或高于 40 ℃极少发芽。茎叶生长适宜温度为 18～30 ℃，低于 10～12 ℃生长停滞。开花坐果期适宜温度为 25～32 ℃，低于 18 ℃果实发育不良。果实膨大期和变色期生长适温为 30～35 ℃，耐热能力较强。西瓜果实发育要求较大的昼夜温差，昼夜温差大有利于糖分的积累，使茎叶生长健壮，果实的含糖量提高，种子更加饱满。

2. 光照

西瓜喜光，要求较长日照时间和较强光照。每天日照 10～12 h 有利于西瓜生长发育，14～15 h 利于侧蔓形成；8 h 短日照可促进雌花形成，但不利光合产物积累。西瓜为需光较强的作物，光饱和点为 80 klx，光补偿点为 4 klx。在较高温度和连续日照下，叶数增加，总叶面积增加，单株花数、子房大小、子房内胚珠数，均随日照时数的增加而增加，但变色期如果阳光直射果面时间长，容易发生日灼；天气晴朗，表现株型紧凑，节间和叶柄较短，蔓粗，叶片大而厚实，叶色浓绿；而连续多雨、光照不足条件下，则表现为节间和叶柄较长，叶形狭长，叶薄而色淡，保护组织不发达，易感病，在坐果期严重影响养分积累和果实生长，含糖量显著下降。

3. 水分

西瓜耐干旱和干燥能力强，不耐涝，适宜的土壤湿度为 60%～80%。西瓜对土壤水分的敏感时期，一是在坐果节位雌花现蕾期，此时若水分不足，雌花蕾小，子房较小，影响坐果；二是在果实膨大期，若土壤水分不足，影响果实膨大，严重影响产量。西瓜喜空气干燥，适宜的空气相对湿度为 50%～60%；空气过于潮湿，则西瓜生长瘦弱，坐果率低，品质差，更重要的是会诱发病害。但在花期授粉时，短时空较高的空气温度利于花粉萌发和授粉受精。

4. 土壤营养条件

西瓜对土壤要求不严，以土层深厚、疏松透气、排灌良好的沙壤土为佳。不耐盐碱，适宜的土壤 pH 为 5～7，盐碱地制种容易出现“烧苗”现象，造成缺苗断垄。西瓜需肥量以钾最多，其次为氮、钙和磷。偏施氮肥会引起徒长，不利于糖分的运输和累积。

二、甜瓜制种理论基础

(一)形态特征与生长发育规律

微课：甜瓜生物学特征

1. 根

甜瓜的根系粗壮发达，主要根群分布在 30 cm 以内的土层内，耐旱，耐瘠薄和适应性强；甜瓜根系易木栓化，再生能力差，不耐移植，在子叶期移植或带土坨移植容易成活。甜瓜根系要求土壤通气性良好，在低洼潮湿、积水板结的土壤中容易烂根(图 1-71)。

2. 茎

茎蔓生，中空，质脆，易折断和劈裂；甜瓜分枝力强，主蔓上每一叶腋都可分生出子蔓，子蔓上又可分生出孙蔓(图 1-72)，茎蔓表面具有短刚毛，节部着生叶片，叶腋着生幼芽、卷须和花，与西瓜不同的是，甜瓜同一叶腋可以着生多个雄花或雌花，节上容易发生不定根(图 1-73)。在自然生长状态下放任生长，甜瓜主茎(蔓)生长较弱，通常长不过 1 m，但侧蔓的长势却十分旺盛，长度往往超过主蔓。

3. 叶

甜瓜的子叶两片，对生，呈长椭圆形，真叶为单叶，互生，大多为近圆形、掌形或肾形，全缘或有浅裂，叶缘锯齿状、波状或全缘，叶片的大小和颜色深浅随品种和类型而异；叶片的正反面均长有茸毛，叶背面叶脉上长有短刚毛，这些茸毛和刚毛，具有保护叶片、减少叶面蒸腾的作用(图 1-74)。

图 1-71 甜瓜的根

图 1-72 甜瓜的茎

图 1-73 主蔓与子蔓

图 1-74 不同叶形与叶色

4. 花

甜瓜是雌雄同株异花植物,雄花较小,常数朵(3～5 朵)簇生,分期开放;雌花大多着生在子蔓和孙蔓上,子房下位,单生,两性花或单性花,柱头三裂,两性花柱头外围有 3 组发育正常的雄蕊。以子蔓结果为主的品种,子蔓 1～3 节上出现雌花,孙蔓雌花出现也早。甜瓜是虫媒花,异花授粉。甜瓜为半日花,清晨开放,午间闭合(图 1-75 至图 1-78)。

5. 果实

瓠果,形状圆形、椭圆形、纺锤形或长筒形等,果皮颜色有绿色、白色、黄色、橙红色或褐色等,厚薄不等,有些品种的果实表面上分布有各种条纹或花斑,果皮表面光滑或有裂纹、棱沟等。果肉白、橘红、绿、黄等色,质地软或脆,具有香气。通常薄皮甜瓜果实小,单瓜重 0.5 kg 以下;厚皮甜瓜果实大,单瓜重 2～5 kg。果柄较短,早熟类型甜瓜果柄成熟后易脱落(图 1-79、图 1-80)。

图 1-75 雌花与雄花

图 1-76 两性花(左)与雌花(右)

图 1-77　雄花在主蔓簇生

图 1-78　雌花着生于侧蔓

图 1-79　甜瓜果实

图 1-80　果实横切面

6. 种子

种子扁平，有披针形或长扁圆形等，黄色、灰白色或褐色。种子大小差别较大，薄皮甜瓜种子千粒重 10～20 g，厚皮甜瓜种子千粒重 30～80 g，单个果实中有种子 300～500 粒。种子寿命在平常条件下为 4～5 年，干燥冷凉条件下可达 15 年以上(图 1-81)。

图 1-81　甜瓜种子

(二)生长发育周期

全生育期 80～120 d，分为发芽期、幼苗期、伸蔓期和结果期 4 个时期。

1. 发芽期

从种子萌动到子叶展平第 1 片真叶显露，历时 6～7 d。当幼苗出土后，子叶充分展开时，花芽就已开始分化(图 1-82)。

2. 幼苗期

从第一片真叶显露至第 5 片真叶出现，历时 25～30 d(图 1-83)。

3. 伸蔓期

从第 5 片真叶出现到留瓜节位雌花开放，历时 20～25 d(图 1-84)。

4. 结果期

从留瓜节位雌花开放到果实成熟，一般早熟品种需 25～30 d，中熟品种 30～40 d，晚熟品种 40～60 d(图 1-85)。

图 1-82 甜瓜发芽期

图 1-83 甜瓜幼苗期

图 1-84 甜瓜伸蔓期

图 1-85 甜瓜结果期

(三)对环境条件的要求

1. 温度

甜瓜是喜温、耐热作物，不耐寒。种子萌发和生长发育的适宜温度为 25～35 ℃，幼苗期生长最适温度为 20～25 ℃，果实发育最适温度为 30～35 ℃。生长温度的最低限为 15 ℃，10 ℃以下停止生长，7.4 ℃时发生冷害，出现叶肉失绿现象，而最高生长温度可达 40～45 ℃。

按甜瓜对温度的要求，通常将 55 ℃以上的温度作为甜瓜生长发育的有效温度。根据不同品种整个生育期间所需的有效积温，可将甜瓜分为早熟品种、中熟品种和晚熟品种。早熟品种生育期 95 d 以下，有效积温 1 500～2 200 ℃；中熟品种生育期 100～115 d，有效积温 2 200～2 900 ℃；晚熟品种生育期 115 d 以上，有效积温 3 000 ℃以上。新疆属典型内陆干旱地区，受大陆性气候、盆地地形及戈壁下垫面的影响，全年温度日较差大多在 10 ℃以上，年日较差在 13～16 ℃，甚至可以达到 20 ℃，十分有利于甜瓜种子的生产。

2. 光照

甜瓜喜光怕阴。结瓜期日照时数要求 10 h 以上，低于 8 h 结瓜不良。甜瓜植株在光照充足的地区，表现生长健壮，茎粗，节间短，叶片肥厚，叶色深，病害少，果实品质好，着色佳，相反在阴天多的寡照地区，甜瓜植株表现生长发育不良，开花坐果延迟，果实产量降低，品质低劣。在光照充足的地区，应注意保护甜瓜果实，避免长期曝晒后发生瓜面日灼。

3. 水分

耐干燥和干旱，适宜的空气相对湿度为 50%～60%，坐瓜之前的营养生长阶段要求土壤最大持水量60%～70%;开花坐果期要求80%,土壤湿度过大容易发生烂根,果实停止膨大至采收成熟期要求土壤最大持水量为55%。厚皮甜瓜耐湿、耐阴能力较薄皮甜瓜强。

4. 土壤营养条件

对土壤的要求不严格,适应性强,以土层深厚、疏松透气的沙壤土为最好,适宜的土壤pH为6～8,在轻度含盐土壤上种甜瓜会增加甜瓜果实的蔗糖含量,有利于提高品质。较喜磷、钾肥,对钙、镁、硼的需求量也比较大,耐盐力中等,忌氯,不宜施用含氯肥料。

三、西瓜和甜瓜的品种类型

微课:西甜瓜品种类型

微课:甜瓜杂交种子生产技术

(一)西瓜的品种类型

西瓜种质资源丰富,类型与品种多种多样,根据研究和生产的需要有以下分类方法。

1. 根据生育期的长短分类

(1)早熟品种　从播种到采收需要80～90 d。第一雌花发生在主蔓5～7节,从雌花开放到果实成熟需25～30 d。株型小,适合密植,优良品种有京欣(图1-86)、黑美人(图1-87)等小果型品种。

图1-86　京欣

图1-87　黑美人

(2)中熟品种　从播种到采收需要90～100 d。第一雌花发生在主蔓7～10节,从雌花开放到果实成熟需30～35 d。株型较大,长势强,瓜大皮厚,较耐贮藏和运输,如西农8号(图1-88)等。

(3)晚熟品种　从播种到采收需要100～120 d。第一雌花发生在主蔓11节以上,从雌花开放到果实成熟需35～40 d。栽培较少,瓜大,耐贮藏,如红优2号(图1-89)等。

2. 根据染色体分类

西瓜可分为二倍体和三倍体无籽西瓜。人工诱变二倍体西瓜实现染色体加倍获得四倍体西瓜,一般只作为培育三倍体无籽西瓜时的亲本(母本),不做栽培使用。二倍体西瓜加倍常用的方法是用秋水仙碱处理西瓜种子或刚出土的幼苗,获得四倍体。三倍体西瓜是以二倍体作父本、四倍体作母本杂交获得的，具有品质好、产量高、无籽的特点，国内优良品种有黑蜜(图1-90)、新1号(图1-91)等。

图 1-88　西农 8 号

图 1-89　红优 2 号

图 1-90　黑蜜

图 1-91　新 1 号

3. 根据用途分类

可以分为鲜食西瓜和籽用西瓜。目前，选育的西瓜品种多为鲜食西瓜，是西瓜栽培的主要类型，在瓜类中是应用杂种优势程度最高的；籽用西瓜适应性强，侧蔓结实率高，栽培管理较为粗放，制种技术与鲜食西瓜相同，新疆是我国籽用西瓜的主要生产地之一，目前生产中主要栽培的是常规种，已经有部分杂交种应用于生产(图1-92至图1-94)。

图 1-92　红片

图 1-93　黑片

图 1-94　籽用西瓜种子

(二)甜瓜的品种类型

中国的甜瓜类型繁多,品种丰富。在栽培品种的园艺学分类上,中国瓜类科技工作者于20世纪50年代提出将甜瓜栽培品种划分为厚皮甜瓜和薄皮甜瓜两大生态型。

1. 厚皮甜瓜

厚皮甜瓜主要包括网纹甜瓜、冬甜瓜、硬皮甜瓜。原产于西亚及中亚,高度进化,生长势强,蔓粗壮,叶大色浅,叶面光滑,多为雄花两性花同株,对环境条件要求严,喜干燥、炎热、大温差和强日照。果实长圆形、椭圆形或长椭圆、纺锤形,有或无网纹,有或无棱沟,果型较大,一般2～5 kg,果皮厚0.3～0.5 cm,果肉厚2.5 cm以上,果皮厚而粗糙,去皮而食。果肉细软或松脆多汁,芳香、醇香或无香气。可溶固形物含量11%～15%,最高可达20%以上。种子较大,不耐高温,需要充足的光照和较大的昼夜温差。中国厚皮甜瓜主要分布在新疆、甘肃等西北地区,近年来开始在华北种植。厚皮甜瓜主要品种有新疆哈密瓜中的黄蛋子、红心脆、黑眉毛、密极甘等,以及甘肃白兰瓜和麻醉瓜等(图1-95)。

2. 薄皮甜瓜

薄皮甜瓜又称东方甜瓜、香瓜、中国甜瓜,原产中国。植株生长势较弱,株型小,茎蔓细,叶色深绿,叶面有皱,雄雄异花同株或雄花两性花同株。生态适应性好,耐弱光、潮湿,不耐贮运。果实圆筒形,圆球形或梨形,果实小,果柄短,果皮黄色、白色、绿色,果面光滑,皮薄,肉厚1～2 cm,肉质脆嫩多汁或面而少汁,可溶固形物含量8%～12%,皮瓤均可食用。单瓜重多在0.5 kg以下,种子小或中等。中国广泛栽培,东北、华北是主产区。主要品种有黄皮品种龙甜一号、白皮品种山东益都银瓜和小籽品种芝麻粒、兰州金塔寺瓜等(图1-96)。

图1-95　厚皮甜瓜

图1-96　薄皮甜瓜

【拓展知识】

一、瓜类作物的主要类型

瓜类作物是葫芦科以食用果实为主的栽培作物,主要有南瓜属、丝瓜属、冬瓜属、葫芦属、西瓜属、黄瓜属、佛手瓜属、栝楼属和苦瓜属9个属。瓜类作物因种类和品种不同,按照其结果习性可以分为三类:第一类以主蔓结果为主,如早熟黄瓜、西葫芦等;第二类以侧蔓结果为主,如甜瓜、瓠瓜等,侧蔓发生雌花较早,主蔓发生雌花较晚;第三类是主蔓和侧蔓都能结果,如西瓜、冬瓜、南瓜。瓜类作物根据食用部位的不同,可以分为两类:一类以嫩瓜为产品,主要包括黄瓜、西葫芦、丝瓜、苦瓜、瓠瓜等;另一类以成熟瓜为产品,主要包括西瓜、南瓜、甜瓜、冬瓜等。目前在新疆栽培、制种较为普遍的种类主要有西瓜、甜瓜、黄瓜、西葫芦和南瓜等。

二、瓜类作物生物学及栽培管理共性

(一)植物学性状

瓜类作物多为一年生草本蔓性植物,起源于亚洲、非洲、拉丁美洲的热带或亚热带地区。瓜类作物除黄瓜外,均具有发达的根系,但易木质化,再生能力差,受损后不易恢复,所以在育苗时应采取护根措施,且需早移植。茎均为蔓性,可长达数米,中空,节上有卷须,分枝力强,栽培上多需进行植株调整。雌雄同株异花,一般雄花数目较多,出现较早,花梗细长;雌花的数目较少,多单生,花柄粗短,在开花前子房就已经相当发达。雌花、雄花均有蜜腺,属虫媒花,是天然异花授粉作物,品种间易发生杂交。

(二)生长发育周期

瓜类作物的生育周期大致分为发芽期、幼苗期、伸蔓期和开花结果期。

(1)发芽期　播种后种子萌动到幼苗破心,即第 1 片真叶显露,需 5～6 d。

(2)幼苗期　从真叶出现到第 4 片叶展平为幼苗期,需 20～30 d。

(3)伸蔓期　从第 4 片叶展平到第 1 雌花开放为伸蔓期。

(4)结果期　从第 1 雌花开放到拉秧为止称为结果期。

(三)对环境条件的要求

瓜类作物的生长发育要求较高的温度,不耐寒,属于喜温或耐热蔬菜,宜在温暖季节或保护地中生产,要求较大的昼夜温差;都属于需光照较强的作物,较强的光照有利于生长,尤其是果实生长。光照充足植株生长良好,果实生长快而且品质好。如果光照不足,尤其是低温寡照,植株生长不良,叶片薄而色淡,叶柄细长,容易化瓜和感染病害。在瓜类当中黄瓜比较耐弱光。瓜类属短日照作物,如果短日照和低夜温相结合则雌花数量更多,夜温为 15 ℃的低温和 8 h 的短日照有利于雌花的分化。瓜类要求耕层深厚、排水良好、疏松肥沃的中性至微酸性土壤,在施氮肥同时,应注意磷、钾肥的供应。瓜类作物有许多共同的病虫害,栽培上需要轮作。

三、瓜类作物制种技术概况

目前,瓜类作物在生产中使用杂交种子比较多的有西瓜、甜瓜、西葫芦、黄瓜等,而苦瓜、丝瓜、冬瓜等品种主要应用常规品种。瓜类作物杂交种子生产大多使用人工套帽隔离、去雄、杂交授粉的方法,例如西瓜、甜瓜和西葫芦,而黄瓜杂交制种过程中除采用人工套帽隔离、杂交授粉的方法外,还可以应用雌性系做母本,采用空间隔离或网室隔离,人工杂交授粉获得杂交种子。常规品种生产主要采用空间隔离或网室隔离,自然媒介传粉或人工辅助传粉获得种子。

四、无籽西瓜杂交制种技术

(一)播前准备

1. 亲本选择

用于杂交制种的亲本要求母本纯度≥99.0%,父本纯度、父母本发芽率≥99.9%以上。播种前需将亲本种子粒选，以确保苗齐苗壮，集中授粉。

2. 选地

选择 3 年以上未种过葫芦科作物、土质疏松肥沃的壤土或沙壤土，盐碱地及地下水位高的地不宜选作制种田。制种田要求灌排方便，四周设置 50～100 m 隔离带，开春，每公顷施磷酸二铵 300～450 kg，有条件的地区可基施优质农家肥 1～2 t。

(二)播种

1. 父母本配比

父母本配比一般为 1∶(15～25)。

2. 适期播种

新疆北疆地区宜在 4 月底至 5 月上旬播种，为了确保足够的雄花供粉，父本应比母本提前 10 d 播种。

3. 适量播种

西瓜制种要求合理密植，行株距一般为 1.50 m×(0.20～0.25)m，单粒穴播，每公顷保苗 2.25 万～3 万株。父本因株数少，生长势强，故株距多 0.40～0.50 cm，双粒穴播，一般出苗后不间苗。

4. 播种方法

父本采用小拱棚栽培，出苗后不需整枝，把茎蔓理顺放到垄背上即可；母本采用地膜栽培，在距瓜沟 10 cm 处挖穴播种，播深 2 cm 左右，因泥沙土易增温、遇雨水后不板结，所以最好用泥沙土覆盖。

(三)田间管理

1. 肥水管理

制种田一般浇 5～7 次水，即播前水、播种水、甩蔓水、果实膨大水及生长后期水等，甩蔓水和果实膨大水较为关键。施肥要结合灌水，授粉前 3～7 d，瓜苗营养、生殖生长都很旺盛，需肥量较大，此期要结合灌水，每公顷追尿素 150～300 kg。授粉 20 d 后果实易裂，此时应以磷、钾肥为主。

2. 植株管理

无籽西瓜制种采用单蔓整枝法，保留主蔓，将全部侧蔓去除，直到坐瓜为止。一般保留第 2 朵雌花坐瓜较好。在整枝的同时用土块压蔓，以防大风吹翻茎蔓，影响授粉坐瓜(图 1-97)。

图 1-97　无籽西瓜单蔓整枝

3. 病害防治

雨前，用 58%甲霜灵・锰锌、72.7%普力克和 40%乙磷铝可湿性粉剂防治疫霉病。枯萎病应以预防为主，个别病株应及时拔除，地外挖坑深埋；对病田可用敌克松、甲基托布津、多菌灵灌根。细菌性果斑病一般用农用链霉素 500 倍液、30%二元醇铜或可杀得 2 000 倍液等药剂防治。

4. 虫害防治

地下害虫主要是地老虎和金针虫，可用敌百虫等毒饵诱杀。对蚜虫、红蜘蛛以 50%的乐果乳油或 70%克螨特 3 000 倍液喷雾防治。

(四)杂交授粉

杂交授粉是制种生产过程中最关键的环节，良好的授粉才能做到种子质优量多，必须严格、认真、及时地按制种技术进行操作，确保授粉质量。

1. 授粉时间

西瓜属半日花，一般情况下，在开花 4 h 后柱头即开始分泌黏液，雄花也散粉将尽，所以应在开花后 4 h 内授粉完毕。

一般晴天上午 8:00—10:00 是最佳授粉时间，多云或阴天时，可适当延迟，雨天因空气湿度大，花药的出粉率低，花粉萌发率也低，可以进行强制授粉，也可将当日开的雌花全部摘除。

2. 授粉质量

为了保证有足够的单瓜种子数，须授粉全面，应将子房 3 裂柱头均匀地抹满花粉，某一裂没粘上花粉或花粉较少，可造成部分胚珠受精不良，产生畸形果，严重时造成落果，降低种子产量。

授粉后应立即套上纸帽，并用大头针或红线绳(橡胶圈)等在瓜前打上明显的杂交标记。1 朵雄花可授 3～4 朵雌花，每株杂交 1 个瓜即可，个别难以坐瓜的需保留 2～3 个瓜。

(五)后期田间管理

全田授粉结束后，需进行清田工作，彻底清除无授粉标记的自然瓜和杂瓜，拔除病株、劣株和全部父本，以确保制种质量。

(六)种子采收

1. 采瓜

采瓜应在晴天上午进行，根据果实发育期，最好能根据不同的授粉标记日期或熟性外观进行分批采收。

2. 晾晒

用掏种器将瓜种取出，进行淘洗，洗净的种子应晾晒在干净的布单、席子及麻袋等物上，场所要通风，种子摊铺厚度不超过 2 cm，不宜直接摊晾在热水泥地或其他不透气物体上，避免高温、高湿状态下种子窒息而降低发芽率和发芽势。

3. 精选

晾干的种子用簸箕、风车、筛子等工具选去秕籽、石粒和小粒，手工挑除畸形籽、霉籽，挂上标签，注明品种代号、生产者姓名及重量，分装入库。

五、西葫芦杂交制种技术

西葫芦又称角瓜，原产于南美洲。其营养丰富，在瓜菜中，栽培规模仅次于黄瓜，也是设施栽培的主要蔬菜之一。近年来，栽培面积逐年扩大，品种退化日趋严重，种子需求旺盛。

(一)制种地的选择

选择连续 3 年未种植过瓜类作物并且耕层深厚、土质疏松、排灌良好的地块。要求距同类作物采种田不少于 1 000 m，采用扎花或套纸帽等保护措施，隔离 200 m，在此区域内严禁种植葫芦科作

微课:西葫芦种子生产技术

物及马铃薯、棉花等。前茬作物应选小麦、豆类等，并严禁同类作物连作、套作或种在葡萄等果树下。

(二)播前准备

1. 整地、施肥

前茬作物收获后，对土壤进行深耕翻晒，整平灌水，第 2 年春结合开沟施腐熟的优质有机肥 60～75 t/hm²，过磷酸钙 3.5 t/hm²，尿素 0.3 t/hm²。

2. 开沟

根据本地区的自然条件以及制种的经验，一般采用开沟起垄覆膜的方式种植。南北方向做畦，父本沟心距 1.6 m，母本(母本一般要求种在灌水进口处)按沟心距 1.8 m 划线，在距线 30 cm 处顺线施入基肥，然后开沟，垄宽 1.6 m，沟宽 0.4 m，要求垄面为鱼脊状，光平、无土块，灌水后喷杀虫药剂，覆膜宽 80 cm。

(三)播种

1. 播种期

播种时间要求晚霜期已过，气温稳定在 10 ℃以上。本区适宜播种期一般在 4 月底或 5 月初播父本，80%父本出苗后，再播母本。

2. 播种方法

制种田父本、母本的播种比例为 1：(5～7)，父本株距 30～35 cm；母本株距 40～45 cm，播种穴距沟沿 15 cm，种子平放或侧放在穴内，播深 1.5～2.0 cm，覆土后再盖沙，以防板结，要求播深一致，穴距一致， 7～8 d 即可出苗(图 1-98)。

图 1-98　西葫芦杂交制种田
(左母本，右父本)

(四)田间管理

1. 苗期管理

苗期管理要突出“早、勤、细”，具体要做好查苗、补苗、培土、防冻、防风、防病等工作。在 1～2 片真叶时间苗，选 1 株生长健壮苗，拔除病苗和畸形苗。为了防止春季地温的影响，促进幼苗生长，可在夜间做帽状覆盖物防寒(如扣纸杯)，白天再将其揭开见光。如果土壤墒情好，苗期一般不灌水，但应在穴的四周进行多次中耕松土，并向幼苗周围培土，如果表现缺水、缺肥，可在穴的周围开浅沟施少量化肥并灌水，随后覆土。

2. 水肥管理

西葫芦在生长发育过程中，如果管理不当，就会产生种种问题。例如，氮肥、水分施用过多，引起植株徒长，雌花的分化和坐果便会受到影响，不是雌花出现晚，就是产生化瓜现象。西葫芦徒长苗的表现为，叶片较大而薄，叶色淡绿，叶柄长，株高超过 13 cm。相反，如果根瓜不摘或植株长势弱小就已坐瓜，生殖生长占优势，营养生长受到抑制，就会产生坠秧现象，瓜秧生长不良，导致早衰，病害丛生，果实小，籽秕而少。所以必须从管理方面调节好营养生长和生殖生长之间的矛盾，使两种生长平衡发展。当幼苗生长到 4～5 片叶时追肥、灌水，施用硝铵 0.4 t/hm²，磷酸二铵 0.2 t/hm²，也可结合灌水叶面喷 0.5%的尿素加磷酸二氢钾溶液。在杂交授粉之前根据苗子长势决定是否追肥，追肥时在两株苗中间偏下 7～10 cm 处开穴，放进肥

图 1-99 母本主蔓留瓜

料后用土盖严，以防肥料发挥及杂草生长。

3. 整枝

父本不整枝，母本采取主蔓留瓜，其他侧蔓全部摘除(图 1-99)。

(五)去杂去劣

在授粉开始前结合田间管理进行严格去杂，由技术员组织制种农户认真检查，杂株、异株要彻底清除，一株不留，特别是父本的杂株应在授粉前彻底清除，确保花粉纯度。

(六) 杂交授粉

1. 清花清果

在授粉前认真检查一遍，将母本植株上的雌花及根瓜(即第 1 个雌花)全部清除干净。

2. 套帽隔离

18:00 时以后在母本植株中选雌花蕾夹花或套袋，并进行整枝打杈等农事操作。授粉前应将母本株上雄花、雄花蕾和已经开放而未套袋的雌花及时摘除。授粉前 1 d 傍晚选择主蔓上第 2 天能开放的第 2～3 朵雌蕾(图 1-100)，用小塑料夹将雌花花瓣夹住或套上纸帽(图 1-101)，并在植株旁插上明显的标记物，以方便第 2 天进行授粉(图 1-102)。

图 1-100 适宜套帽的大蕾

图 1-101 母本雌花套帽隔离

图 1-102 套帽后标记

3. 父本花的采集

授粉前，把父本田植株上已开放的雄花(图 1-103)、雌花蕾和雌花(图 1-104)全部摘除。

将第2天能开放的父本雄花连同花柄一起摘回，放在阴凉处用水桶或盆装少许凉水，将花柄浸入水中，上面盖上湿布或毛巾备用。授粉期间随时清除父本田里的自交果，授粉结束后拔除全田父本植株。

图 1-103　西葫芦的雄花

图 1-104　西葫芦的雌花

4. 授粉

早晨露水未干时先清理母本田中漏掉的雄花蕾，田间露水干后再进行授粉操作，授粉最佳时间为上午7:00—12:00。授粉时取下纸帽，撕去花冠（花冠不能撕得太彻底，以免纸帽粘去柱头上的花粉），将父本雄花的花粉轻轻地、均匀地涂在雌花的柱头上（图1-105、图1-106），一般一朵雄花可授2～3朵雌花（授粉时要将雄花放置在凉爽的瓜秧底下防晒，否则影响花粉质量），授粉后套上标记环和纸帽（图1-107）。等果实膨大坐稳后（图1-108），约有15 cm长时在瓜上浅刻“＋”字做二次标记。授粉结束后，要及时将父本植株全部拔除。

图 1-105　去除父本雄花花瓣

图 1-106　涂抹雌花柱头

图 1-107　授粉后套上标记环、纸帽

图 1-108　果实发育

(七)采种

授粉结束后 40～50 d,即可采收。采收前要彻底清除田间的自交瓜、标记不清的瓜、病瓜等。采收后将好果和伤果分开,后熟 10 d,用刀将瓜剖开,将种子掏出,用清水搓洗干净后立即薄薄地铺开在纱网上,尽快晒干,搓去膜质,精选收存,防止霉变。在掏籽时要注意随掏随洗,否则会影响种子色泽;阴天下雨时最好不要掏籽。一般每公顷可产种子 750 kg 左右,高的可产 1 050 kg 左右。

(八)病虫害防治

1. 地下病虫害的防治

地下害虫防治一是播前拌种;二是出苗后投毒饵,可用 80%敌百虫晶体撒在根部附近诱杀。出苗后长到 3～4 片叶时用西瓜重茬剂 600～700 倍液、50%甲基托布津 800 倍液、70%代森锰锌 500 倍液、75%百菌清 400 倍液等灌根,防止根部病害发生。

2. 防蚜、避蚜

在田间地边悬挂银灰色薄膜避蚜。在蚜虫发生时要及时喷施敌杀死,10%天王星,20～80 mg/kg 瑞劲特等。

3. 白粉病的防治

西葫芦的白粉病发生很普遍且危害严重。在杂交授粉开始后即要喷药防治,以 15%三唑酮 800～1 000 倍液、50%硫黄悬浮剂 1 000 倍液、京 2B 等药效果好。施药时叶面、背、茎、秆都要喷到,特别是叶背一定要注意。

4. 病毒病的防治

病毒病是一种检疫性病害,在生产中主要采用春提前或秋延后的办法减轻病毒病的危害。病毒病主要是蚜虫传播,所以在生产中要注意防治蚜虫,同时定期喷施 20%病毒 A 400 倍液,5%菌毒清 400 倍液,20%毒克新 400～500 倍液,72%农用链霉素 300～400 倍液等预防。

5. 疫病的防治

生粪、重茬、大水漫灌都易引起西葫芦疫病,对产量影响很大,防治方法是用杀毒矾和代森锰锌混合液灌根、喷雾,连续防治 2～3 次。

六、西甜瓜田间试验记载标准

(一)物候期

(1)播种期　实际播种的日期(以日/月表示,下同)。

(2)出苗期　目测全区有 50%的幼苗子叶平展的日期。

(3)伸蔓期　目测全区有 50%的植株伸蔓 2 cm 或出现 5～6 片真叶的日期。

(4)第一雌花开放期　目测全区有 50%的植株第一雌花开放的日期。

(5)第一雌花着生节位　指从伸蔓节至第一雌花着生的节数,取有代表性的 10 株取平均值。

(6)坐果期　目测全区 50%的果实直径达到 8～10 cm 的日期。

(7)成熟期　以全区 60%的瓜达到八成熟或第一茬瓜采收结束的日期。

(8)果实发育期　坐果至成熟的总天数。

(9)生育期　出苗至成熟的总天数。

(二)生长势、抗逆性和抗病性

(1)生长势　伸蔓期、坐果期和果实成熟期分3次用目测法调查各品种的生长势,分强、中、弱3级。

(2)抗逆性　伸蔓期、坐果期和果实成熟期分3次用目测法调查各品种的抗逆性,分强、中、弱3级。

(3)抗病性　苗期、坐果期和果实成熟期分3次用目测法调查各品种的抗综合病性,抗病性分强、中、弱3级。

①炭疽病:在西瓜生长中后期用目测法调查1次,记载病死株数,发病程度分为4级。

0级:生长正常,无病。

轻:病叶面积占叶面积20%。

中:病叶面积占叶面积21%~50%。

重:病叶面积占叶面积50%以上。

②枯萎病:在西瓜生育期间调查死苗株数和死株率。

(三)果实品质性状

每个品种每小区选10个有代表性的果实进行考种调查。

(1)果实形状　分扁圆、圆、高圆、短椭圆、椭圆和长椭圆6种,对应的果型指数分别为<1,=1,1~1.1,1.1~1.2,1.2~1.4,>1.4。

(2)果实纵、横径　成熟后取有代表性的果实10颗,切开后量其纵、横直径,取平均数,以cm表示。

(3)果皮颜色　分黑、白、花皮、黄绿4种。

(4)果面条带　成熟后调查,分锯齿状、黑桃纹状两种。

(5)果皮厚度　成熟后取有代表性的果实10颗,切开后量其不可食用的表皮部分。取平均值,以cm表示。

(6)贮运性　分耐贮、较耐贮、不耐贮3种。

(7)果实剖面　分好、中、差3种。

(8)果肉颜色　分红、黄、白3种。

(9)果肉质地　分脆、沙、硬、软、绵5种。

(10)果肉汁液　分多、中、少3种。

(11)口感　分好、中、差3种。

(12)籽粒颜色　分白、黑、花、红4种。

(13)籽粒的多少　分多、中、少3种。

(14)果肉含糖量　成熟后取有代表性的果实10颗,用糖度计测定中心、边缘含糖量,求平均数。

(四)经济性状

(1)单株坐果数　总果数/总株数(个)。

(2)单株商品果数　商品果总数/坐果总株数(个)。

(3)商品果率　商品果总数/总果数(%)。

(4)田间整齐性　包括坐瓜节位、果实大小、果实形状等方面的一致程度(田间目测)。

(5)平均单瓜重　成熟后取有代表性的果实10颗,分别称其重量,求平均值,以kg表示。

(6)小区实产　成熟后选有代表性的果实10颗称其重量,按小区实有株数计算其小区实产,以kg表示。

(7)折合亩产量　用小区实际产量除以小区实际面积折算亩产量,以kg表示。

(五)西瓜试验品种评定标准

(1)评分原则　客观评价各品种的特性,充分考虑品种的生产适用性和市场接受程度。能用仪器测量或有标准可循的项目(如中糖、产量),级别间分值差距大;依个人感官评分的项目(如瓤质、口感等),级别间分值差距较小。

(2)评分标准　以对照品种得分为中间分值,各参试品种与之相比而增减。

①抗逆抗病性(20%):对不良土壤、气候条件适应性及病源侵染的抗性;以对照品种为10分,根据综合指标分5级,其他品种较对照每增、减1级加、扣2分,最多加、扣10分。

②坐果性(10%):一般环境与管理条件下的坐果难易与整齐程度以对照品种为5分,根据综合指标分3级,其他品种较对照每增、减1级加、扣2分,最多加、扣4分。

③商品果率(10%):一般环境与管理条件下的正常商品果率以对照品种为5分,较对照每增、减5%加、扣1分,最多加、扣5分。

④熟性:(略)

⑤产量(15%):以对照品种为10分,较对照每增、减5%加、扣1分,最多加、扣5分。

⑥果实含糖量(15%):以对照品种为10分,较对照每增、减0.5%加、扣1分,最多加、扣5分。

⑦果实口感风味(5%):以对照品种为5分,根据综合指标分3级,其他品种较对照每增、减1级加、扣2分,最多加、扣4分。

⑧果实外观(5%):以对照品种为3分,根据综合指标分3级,其他品种较对照每增、减1级加、扣1分,最多加、扣2分。

⑨果实剖面(10%):以对照品种为5分,根据综合指标分3级,其他品种较对照每增、减1级加、扣2分,最多加、扣4分。

⑩果实耐贮运性(10%):以对照品种为5分,根据综合指标分3级,其他品种较对照每增、减1级加、扣2分,最多加、扣4分。

【课外阅读】

1. 参阅相关资料,了解国内外西甜瓜种子生产发展前景。
2. 参阅相关资料,了解西甜瓜健康种子生产技术。

【课后作业】

1. 分别研究制定不同栽培模式的西甜瓜种子生产技术规程。
2. 调查影响当地西甜瓜杂交种子生产效益的原因,并提出可行的改进建议。

【实训工作过程作业记录单】

西甜瓜制种亲本发放单							
编号				制种地点			
序号	品种(代号)	地号	面积(hm^2)	原种数量(kg)		户主签名	备注
				父本			
				母本			
填表人				年　月　日			

西甜瓜制种田间管理档案记载表							
合同户编号				户主姓名			
地块名称(编号)				制种面积(hm^2)			
前茬							
播前整地情况							
基肥施用	种类			数量(kg/hm^2)			
行距			滴灌带用量(m)			地膜用量(kg)	
父本	播期		播量(kg)		配比		
母本	播期		播量(kg)				
父本出苗期		幼苗特征					
母本出苗期		幼苗特征					
出苗情况	父本出苗率(%)		母本出苗率(%)		母本株数		父本株数
补种情况	时间		父本用种量(kg)		母本用种量(kg)		
间定苗	时间		亩保苗株数				
整枝	时间			方式			
追肥	日期		种类			施肥量(kg/hm^2)	
	日期		种类			施肥量(kg/hm^2)	
	日期		种类			施肥量(kg/hm^2)	

灌溉	日期				灌量(m^3)			
	日期				灌量(m^3)			
	日期				灌量(m^3)			
	日期				灌量(m^3)			
病虫害防治	种类		防治方法					
	种类		防治方法					
	种类		防治方法					
	种类		防治方法					
授粉时间				坐果率(%)				
父本砍除情况	日期			处理方式				
估产	日期			产量(kg)				
果实采收	日期			打籽时间				
发酵	日期		时长		种子清洗日期			
种子消毒	日期		药品		消毒时间			
种子晾晒	日期		清选日期			实际产量(kg)		
西甜瓜制种去杂去劣档案记载表								
检验时期	母本				父本			
	被检株数	杂株数	纯度(%)	出现的问题及解决措施	被检株数	杂株数	纯度(%)	出现的问题及解决措施
苗期								
开花后授粉前								
坐果期								
采收期								
检验人			制种人				年　月　日	
种子检验收购档案记载表								
种子质量检验结果	发芽率(%)		水分(%)		净度(%)		纯度(%)	
种子收购	日期		重量(kg)		单价(元)		总价(元)	

项目二

番茄种子生产

番茄杂种优势明显，利用番茄杂交优势进行杂交品种选育已经成为番茄新品种选育的主要方式。到目前为止，国内外利用番茄杂种优势的途径主要是人工去雄授粉。人工去雄授粉制种技术是一项劳动密集型和技术密集型的工作，费工、费时、低效、成本高。随着科学技术的发展，为解决人工去雄存在的问题，雄性不育系的利用、单倍体育种、基因工程的应用将成为番茄杂交制种技术的主要方式。

【知识目标】

1. 熟知番茄形态特征与生长发育规律。
2. 掌握番茄生长发育周期及对环境条件的要求。
3. 掌握番茄制种基地的选择、落实的方法。
4. 熟知番茄种子生产一般过程及技术要求。
5. 熟知番茄种子质量要求及防杂保纯的方法。
6. 知道番茄种子生产过程中工作质量检查的时期、内容和要求。

【技能目标】

1. 能够依据计划选择、落实制种基地，与农户签订制种合同，及时准确地发放亲本种子。

2. 掌握番茄杂交种子生产中育苗、定植、植株调整、水肥管理、病虫害防治等技术，能根据番茄父母本的生长势类型、抗病性、母本的坐果习性及植株对肥水的反应等品种间特征特性的差异，在制种工作中合理安排、管理亲本。

3. 能准确识别亲本特点，在制种生产过程中去杂去劣，并能监督和指导农户做好人工杂交授粉、种子消毒和晾晒等工作，保证制种番茄种子的产量与质量。

【素质目标】

1. 热爱“三农”，助力乡村振兴：通过番茄种子生产学习、实践，培养学生的“三农”情怀，践行“五爱”，具备艰苦奋斗、吃苦耐劳、乐业奉献的“种子精神”，助力区域乡村振兴。

2. 质量意识、劳动精神培养：通过项目实施，理实一体，边干边学，培养学生具有质量意识、环保意识、安全意识和创新思维，具备乐于奉献、艰苦奋斗、吃苦耐劳的精神；树立和弘扬劳动精神，具有精益求精的工匠精神。

3. 可持续发展能力及知识综合应用能力：通过课前、课中、课后学习活动培养学生具有探究学习、终身学习和可持续发展的能力，具有整合知识和综合运用知识发现问题、分析问题和解决问题的能力。

4. 信息化应用能力培养：通过学习在线开放课程并发表评论，让学生掌握获取学习资源的途径，具备沟通协作能力和一定的信息素养及自主学习能力。

任务一 育 苗

一、工作任务与要求

根据杂交制种亲本特征特性，确定适宜的播种时间，指导农户适时播种育苗，做好父母本错期播种工作。指导、检查制种农户准备育苗基质、苗床或穴盘，及时开展育苗播种工作，保证播种质量，出苗后，按照要求开展幼苗管理，保证苗齐苗壮。

微课：番茄育苗技术

二、工作程序与方法

播前准备	**准备工作**：温室扣棚膜，准备棉帘、煤、火炉等升温设施。按照制种任务，准备适量的基质、穴盘，对温室土地平整、消毒。 **基质装盘**：基质要保持湿润，穴盘装满后，用木板抹平，不用镇压；将装完的穴盘每10个一组叠加，盘与盘之间对齐，最上面用一摞空穴盘垫硬木板，用力均匀地往下压，压出深度为1～1.2 cm、深浅均匀一致的孔。 **亲本种子准备**：番茄杂交制种亲本种子必须是具备原品种（系）特征特性、纯度不低于99.9%、发芽率不低于85%的国标一级的亲本种子。番茄杂交制种亲本种子分父本和母本种子，一般母本种子穴盘育苗用种量为135～150 g/hm^2，父本种子一般用种量为37.5～52.5 g/hm^2。父本和母本种子配备比例为1∶(3～4)。 育苗场所设施齐备，管理方便，育苗基质、容器数量充足、质量合格。
错期播种	**确定播种时间**：番茄花器小，花粉量少，为保证杂交过程中有充足花粉供应，通常父本应较母本早播。根据各地气候条件和定植时间确定，保证苗龄达到40～50 d。父母本始花期相同的组合，父本较母本早播6～7 d；父本始花期晚于母本5～7 d的组合，父本较母本早播15～20 d，母本按当地正常播期播种育苗。 **种子处理**：番茄播前进行种子处理，可以有效减少种子带菌。常用方法有以下几种。 （1）温汤浸种。将待播番茄亲本种子放入50～55 ℃温水中，均匀搅动，至水温降至30 ℃时停止搅动，浸泡6～8 h，用手轻搓种子表皮，除去黏液，然后捞出置于30 ℃的恒温箱中直至种子露白，即可播种。此法可有效杀死种子表面及内部病菌，去除种子萌发抑制物质，增加种皮通透性，有利于种子萌发一致。 （2）药剂处理。用10%磷酸三钠溶液浸泡20 min后充分洗净，或用1%高锰酸钾溶液浸泡20～30 min，可去除种皮表面病毒；用40%福尔马林100～300倍液浸泡15 min，可预防番茄早疫病。

续表

错期播种	(3)干热处理。将完全干燥的种子放入 70 ℃干燥箱(或恒温箱)中干热处理 72 h,可杀死种子所带病菌,特别是对病毒病防治效果较好。正确掌握处理的时间和温度,不会影响种子的发芽率。 除此之外,还可以采用低温处理、种子包衣等措施对番茄种子进行播前处理,以提高种子的发芽率或抗病性、抗逆性。 **播种:**穴盘点播育苗。播种前将催好芽的种子掺入少量的细沙混合均匀,避免用力搓擦,然后播种。播种后覆盖基质,并再次用木板抹平,扫除四周的基质,浇透水,保持床温 25～30 ℃,5～7 d 即可出苗。保持基质湿润,一般播种到出苗浇水 2～3 次。 父母本分别育苗,父母本比例为 1∶(3～4),种子一经播种,及时挂牌注明组合号,以防混淆。
幼苗管理	**温度管理:**依据苗情进行温度管理,温度管理应该缓慢过渡,白天温度保持在 25～30 ℃,夜间为 18～20 ℃,苗出齐后适当通风透光,应注意白天高,夜间低;晴天高,阴天低;前期高,后期低。蹲苗前应加大通风量,保证空气充分对流。当苗龄达 40～50 d,大田定植前要加强幼苗锻炼,依据幼苗大小先小面积揭开棚膜,而后逐渐向上推移。定植前 7～10 d 即可全部掀起棚膜,使之适应外部环境,并严格控制水肥,防止徒长。 **水分管理:**出苗后,根据棚内的情况控制湿度,基质干燥应及时浇灌,如遇阴雨(雪)天气,棚内应及时架设电灯增加光照,降低湿度,防止出现幼苗老化或徒长。 **分苗:**幼苗 1 叶 1 心到 2 叶 1 心时及时分苗,确保一穴一株。分苗前,提高棚内温度与湿度,并适当遮阴,分苗后 2～3 d 为缓苗期,应加强温度和水分管理。缓苗后,增加光照,降低棚温至白天 20～25 ℃,晚上 15～18 ℃,防止徒长。
病虫害防治	幼苗生长期间易受病害侵染发生病害,或因环境条件不适宜造成生理性病害,严重影响幼苗生长。应经常查看苗情,指导农户及时做好病虫害防治工作,保证苗齐苗壮。

三、常见技术问题处理

1. 如何进行番茄种子的催芽?

将预处理过的番茄种子洗净后置于恒温 25～28 ℃及以下催芽。催芽过程中每天要用同温度的水冲洗、翻动一次。2～3 d 后,种子萌动露白时,将温度降到 22 ℃左右,以使芽健壮。待多数种子出芽,芽长与种子纵径等长时即可播种。

2. 穴盘如何填装与播种?

可用 128 穴穴盘育苗。在装盘前先将基质用水搅拌潮湿并混合均匀,穴盘平放,将基质装入盘中并用木板抹平至露出网格状边缘,并抹去盘四周多余的基质(图 2-1)。

盘装满后将穴盘 6～8 个为一组对齐摞起来,盘与盘间对齐,从顶部用手用力均匀地往下压(图 2-2),压出 0.5 cm 的深度,形成锥体(图 2-3),压好的盘深度应一致,以保证出苗整齐。每穴点播催芽种子 1 粒,把种子摆放在穴孔中央(图 2-4),播种后立即覆盖基质 1～1.5 cm,并适当浇水。多品种育苗时,在穴盘上挂小标牌,注明品种号及播种时间。

播种结束后,把穴盘摆放到准备好的苗畦内,每畦内插牌,标清品种号、播种时间及数量,不同品种间要有明显的隔离区(图 2-5,图 2-6)。

图 2-1 装盘

图 2-2 压盘

图 2-3 压好的穴盘

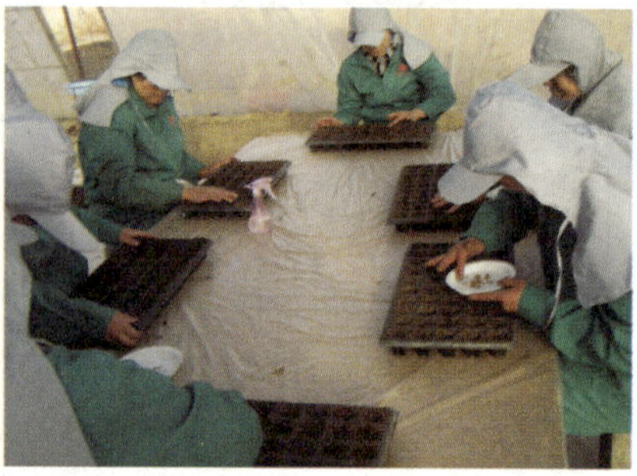

图 2-4 播种

图 2-5 摆盘

图 2-6 出苗

3. 如何提高分苗成活率?

为防止幼苗过于拥挤,改善幼苗生长的通风透光条件,使幼苗生长健壮,一般在幼苗 1 叶 1 心到 2 叶 1 心时进行分苗。分苗过早,幼苗根系太弱,难以成活;分苗过晚,幼苗过于拥挤,长得细弱,且易徒长,若湿度过高,易发生猝倒病。

分苗可以切断主根以利侧根发生(图 2-7)。分苗应在晴天进行。分苗前准备好营养土,一般草炭和蛭石按 4∶1 或 3∶1 混合。分苗前 1 d,幼苗浇起苗水,以利于起苗时少伤根,促进缓苗。起苗时尽量带少量土,一株一穴放入穴盘或分苗床,浅栽,以不埋没子叶节为准。栽后浇足水(浇水时从下面灌水,让水分从营养钵底部渗透上来,以免基质板结或降低温度),之后覆盖小拱棚,以保温保湿。

采用分苗床分苗时,每穴栽 1 株,株行距 10 cm×10 cm 栽植,浇水不宜过多,以免降低地温(图 2-8)。

图 2-7　分苗

图 2-8　喷水

分苗后 3～4 d 不通风，白天温度保持在 25～30 ℃，夜间温度保持在 15 ℃左右，地温保持在 16 ℃左右，如遇高温强光，应用草帘或遮阳网遮阴。缓苗后白天温度控制在 25～32 ℃，不能高于 35 ℃，晚间保持在 12～15 ℃，不能低于 10 ℃。分苗床表土发白时选择晴暖天气浇小水，苗长到 5 片叶后，适当控水。当叶面出现黄绿色等缺肥症状时可在晴天喷 0.2%尿素或磷酸二氢钾或二者混合液。分苗后 15～20 d 移动营养钵，控制其生长，同时加大放风量进行炼苗。

4. 育苗障碍如何解决？

(1)出苗不整齐　出苗不整齐有两种情况：一是出苗时间不一致，二是苗床内幼苗分布不均匀。前者产生的主要原因：一是种子质量差，成熟不一致或新籽、陈籽混杂等；二是苗床环境不均匀，局部间差异过大；三是播种深浅不一致。后者产生的主要原因是由于播种技术和苗床管理不好而造成的，如播种不均匀、覆土过浅等。

预防措施：选用质量高的亲本种子；精细整地，均匀播种，提高播种质量；保持苗床环境均匀一致；加强苗期病虫害防治等。

(2)子叶"戴帽"出土　幼苗出土后，种皮不脱落而夹住子叶，俗称"戴帽"，或"顶壳"。产生的主要原因有覆土过薄、盖土变干、播种方法不当、种子生活力弱等。

预防措施：一是要足墒播种；二是播种深度要适宜，高温期播后覆盖薄膜或草苫保湿；三是种子播种时，要尽量平放。

(3)沤根　根部发锈，严重时表皮腐烂，不长新根，幼苗变黄萎蔫。主要原因是苗床湿度长时间过大，土壤透气不良。

预防措施：改善育苗条件，避免土壤湿度长时间过高。

(4)徒长苗，高脚苗　产生的主要原因是光照不足、夜间温度过高、氮肥和水分过多。

预防措施：增加光照；保持适当的昼夜温差；播种量不要过大，并及时间苗、分苗，避免幼苗拥挤；不偏施氮肥。

5. 育苗温室如何消毒？

播种前，在温室升温阶段进行室内消毒，用 90%晶体敌百虫 1 000 倍液喷撒地面和墙壁，或用百菌清烟雾剂 3～4.5 kg/hm^2，分成 45～75 份，均匀地放在棚室，从一端用暗火点燃，产生浓烟后熏蒸密闭棚室进行熏蒸，消毒一晚上，第二天清晨放风，可有效杀灭温室内病虫，减少后期病虫为害。

任务二　定植及前期管理

微课：番茄定植技术　　微课：番茄种子生产田间管理

微课：番茄植株调整技术　　微课：番茄种子生产去杂去劣技术

一、工作任务与要求

根据制种计划，选择和落实制种基地，和农户签定制种合同，准备亲本种子并发放至农户手中。平整土地，根据制种品种特点确定垄间距、高度以及垄的宽度，组织农户按要求覆膜。根据气候条件和亲本特性进行移栽定植，结合定植做好去杂去劣工作，组织农户及时开展水肥管理及病虫害预防，提前准备搭架、绑蔓材料。根据植株长势及时搭架，并进行父母本植株整枝和绑蔓，保证植株营养生长和生殖生长旺盛、协调。

二、工作程序与方法

土地准备	**选地**：番茄是自花授粉作物，天然异交率为 4%，制种时需要和其他番茄隔离。 （1）培育建立稳定的制种基地，制种户常年制种，技术水平高，保障制种技术落实，制种产量高、质量优。 （2）根据企业制种的计划，落实制种面积。目前，杂交番茄大棚制种每 0.7 亩（标准棚）种子产量为 8～15 kg，露地杂交制种每公顷制种产量在 75～150 kg。 （3）番茄制种对前茬有严格的要求。3～5 年以上未种过茄果类蔬菜的休闲地，小麦、玉米、豆类、葱蒜地均为制种番茄适宜前茬。制种田块应选择前茬无病虫、土质疏松肥沃、灌排方便的微酸性土壤田块。 （4）隔离区要求。常规制种隔离 50～70 m；杂交制种要求品种间设置 200 m 的隔离区。 **整地**：冬前深翻土地，冻前浇冻水，开春后再精耕细耙。移栽前结合耕翻整地施入底肥，每公顷施入优质有机肥 75 t、过磷酸钙 750 kg、草木灰 1 500 kg 或硫酸钾 225 kg（图 2-9）。采取垄作覆膜栽培，有利于提高地温，保肥，保墒。南北方向划线起垄（图 2-10），父本垄宽 100 cm，母本垄宽 110 cm，即宽行 60 cm，窄行 40 cm，垄高 20 cm，定植前 7～10 d 覆膜，有利于提高地温、保墒（图 2-11）。

续表

土地准备	为避免浇水降低地温，定植时先在打好的定植穴内浇水，等水下渗后将苗栽入，之后覆土（图 2-12）。  **图 2-9　撒施底肥**  **图 2-10　划线起垄**  **图 2-11　覆膜**  **图 2-12　定植**
定植	**确定定植时间：**在预防终霜的前提下，早移栽定植可促进早熟，减轻病虫害，提高产量。5 月上中旬晚霜结束，地温稳定在 10 ℃以上即可定植。父本可提前定植 5～7 d，也可以同期定植，对父本采取加盖小拱棚等措施，保证有足够花粉用于授粉。定植时大小苗分开，便于管理和操作。定植管理与常规制种基本相同。 **去杂去劣：**结合定植工作，将叶色、叶形、株型、茎色等与亲本特性不相符的杂株和病株拔除，仔细选留具有品种特征且叶大、色绿、节间短、株冠大、生长势健壮的苗。 **定植：**父母本按 1∶(3～4)的株数比定植。父本与母本相邻定植在同一地块，父本单独种一个区域，要求水肥条件良好，以保证花粉供应。每垄两行，株距 25～35 cm，“T”字形移栽，母本密度依品种而异，一般父本株距 25～30 cm，母本株距 40～45 cm。无限生长型母本定植密度 1.8 万～3 万株/hm^2，有限生长型品种定植密度为 2.55 万～3.75 万株/hm^2。弱苗浅栽，细高苗顺风向斜深栽，穴盘苗要将根坨埋入地下，覆土压实。
水肥管理	栽后灌透水，5～7 d 再灌一次。缓苗后及时中耕保墒，提高地温，促进根系生长。结合中耕在幼苗基部培土，压实地膜，防止杂草生长。10～15 d 后植株发棵，灌水，施尿素 225 kg/hm^2，多元复合肥 225～300 kg/hm^2，在果实膨大期再追肥 1 次。番茄结果期需水量大，每隔 10～15 d 灌水 1 次，保持土壤湿润。滴灌地的水肥管理按常规种植进行。

续表

整枝	番茄杂交制种母本植株调整要结合栽培密度、母本生长发育特性、开花特性和授粉劳动力等进行。一般采用单干整枝、一干半整枝、双干或多干整枝。一般对栽培密度大、侧枝发生多、花序间距小、开花快的品种，采用单干整枝或一干半整枝；栽培密度小、侧枝发生少、花序间距大、开花慢的品种，采用两干或多干整枝。结合整枝将第一花序彻底摘除，以促进营养生长。具体的方法如下。 (1)单干整枝：只留主干向上生长，随时摘除全部侧芽(图 2-13)。单干式整枝一般适合于种植密度大、侧枝发生多、花序间距小、开花快的品种。 (2)一干半整枝：开始时作双干整枝，待侧枝结 1～2 穗果实后进行摘心(打顶)，只留主干向上生长。一干半整枝也适合于种植密度大、侧枝发生多、花序间距小、开花快的品种。 (3)双干整枝：除主干外再留第一花序下叶腋所生的一个侧枝与主枝同时向上生长，其余侧枝全部摘除。双干整枝一般适合于栽培密度小、侧枝发生少、花序间距大、开花慢的品种(图 2-14)。  **图 2-13　摘除侧芽**  **图 2-14　双干整枝** 为了多发侧枝、多开花、多供花粉，父本一般只需轻度整枝打叉或不整枝。
搭架绑蔓	**搭架**：在母本缓苗后至开花期结合整枝进行搭架，一般在第二次中耕培土后，株高约 33 cm 时进行。母本用竹竿或木条搭成“人”字形支架，立杆高 1.2～1.8 m，搭成“人”字形架，架杆要求既光又直，立杆间距为 1.5 m。母本因要挂果，支架必须要结实、牢固，在“人”字形架的中部分次绑上横杆，横杆统一采用竹竿，不论哪种架材必须用生石灰水涂刷消毒；有限生长型品种只需要搭一层横杆，无限生长型品种第一层横杆距地面 60 cm，第二层距地面 1.2 m 处，第三层距地面 1.5 m 处，以固定番茄植株，防止倒伏(图 2-15，图 2-16)。父本只需要搭建“人”字形架，或者不搭架。  **图 2-15　高架杆**  **图 2-16　矮架杆(左父本，右母本)**

续表

搭架绑蔓	**绑蔓**：搭架后及时进行绑蔓，用尼龙绳、布条等结实的材料将茎秆绑在支架上，为减少植株损伤一般采用"8"字扣，绑蔓位置应在每穗果实下方。 番茄秧苗长到第一层横杆时，用尼龙绳等结实的材料将秧苗吊在架杆内，待秧苗长到第二、第三层横杆时，将秧苗绑在横杆外面，便于杂交操作和检查。每次绑蔓时最好采用"8"字扣，以防茎秆受伤感染病害(图 2-17)。绑蔓工作随植株生长要进行 2～3 次。  **图 2-17　绑蔓作业**
病虫害防治	采用亲自下地调查或询问制种农户的方法及时了解制种田病虫害发生、发展情况，发现病虫中心株及时拔除，带出田地深埋销毁。督促制种农户及时进行防治。
去杂去劣	开花前根据植株长势、叶形、叶色、叶脉透明程度等特征结合整枝打杈，淘汰杂株劣株。

三、常见技术问题处理

1. 苗期病害如何防治？

(1)叶霉病　俗称黑毛，仅为害番茄，主要为害叶片，严重时也能为害花、茎和果实。叶片染病，叶面出现不规则形或椭圆形淡黄色褪绿斑，叶背病部初生白色霉层，后霉层变为灰褐色或黑褐色绒状，条件适宜时，病斑正面也可长出黑霉，随病情扩展，叶片由下向上逐渐卷曲，植株呈黄褐色干枯。嫩茎及果柄病斑与叶片相似，并延至花部，引起花器凋萎和幼果脱落。果实上病斑常环绕蒂部，呈黑色圆形或不规则形斑块，硬化凹陷，不能食用。

防治方法：合理密植，加强田间管理；按配方施肥、避免氮肥过多，以提高植株抗性；勤检查，及时摘除病叶；发病初期喷药防治。可选用 1∶1∶200 的倍等量式波尔多液、甲基硫菌灵(甲基托布津)、多硫悬浮剂等防治，每隔 7～10 d 喷 1 次，交替用药，共喷 2～3 次。

(2)白粉病　为害番茄叶片、叶柄、茎及果实。初在叶面现褪绿小点，扩大后呈不规则粉斑，上生白色絮状物。初期霉层较稀疏，渐稠密后呈毡状，病斑扩大连片覆满整个叶面。有的病斑发生于叶背，则病部正面出现黄绿色边缘不明显斑块，后整叶变褐枯死。

防治方法：加强肥水管理，保持通风透光；发病初期可用甲基托布津、粉锈宁或 0.1°Bé 石硫合剂防治。每隔 7～10 d 喷 1 次，连喷 3～4 次。

(3)病毒病　叶片表现花叶或斑驳。叶脉坏死或散布黑色油浸状坏死斑。顺叶柄蔓延至茎秆，初生暗绿色下陷的短条纹，后变为深褐色下陷的坏死条斑。果实上产生不同形状的褐色病斑块。蕨叶型，病叶黄绿色，叶肉组织退化而形成扭曲的线状叶片，植株丛生矮化。

防治方法：苗期喷施高锰酸钾 1 000 倍液或 1%过磷酸钙浸出液，提高抗性；蚜虫是病毒病传播的主要途径，消灭蚜虫等传毒媒介是防治病毒病的关键措施。可选用噻虫嗪、吡虫啉等药剂防治；发病前可喷施 0.1%～0.3% 硫酸锌溶液预防。在发病初期可选用盐酸吗啉胍·铜(病毒 A)、菌毒清等，每隔 10 d 喷施 1 次，连续喷 3～4 次。

2. 虫害如何防治？

潜叶蝇、蚜虫、飞虱用 1.8%阿维菌素 3 000 倍液，或 40%绿莱宝 1 000～1 500 倍液，或 10%蚜虱净 4 000～5 000 倍液，或 20%灭扫利乳油 3 000 倍液，或 2.5%的功夫乳油 3 000 倍液等喷雾防治。地下害虫用 20%杀灭菊酯 2 000 倍液喷雾，或用 50%辛硫磷乳油 800 倍液灌根。

3. 如何确定整枝留干的时间与方法？

整枝应选择晴天上午或中午进行，此时气温较高，伤口容易干燥愈合，可减少病虫的侵染。整枝、绑蔓工作可同时进行，以节省时间、劳力。

紧靠第一花序下着生的侧枝节间短，出现花序早，易坐果，其次为第二花序和第三花序下的侧枝，习惯上称为强侧枝。主茎上从子叶至第一强侧枝之间的侧枝较细，节间长，着生花序少且迟，应及时去除。

任务三　杂交授粉

一、工作任务与要求

进一步做好整枝、绑蔓和除草工作，指导农户根据实际情况做好水肥管理，利用农闲时间准备好杂交授粉用具，检查田间去杂情况和杂交授粉工作，统计坐果情况，在授粉结束后，彻底拔除父本，并进行一次田间清查，将未授粉的果实、花序、蕾或标记不清的果实一律清除，以保证杂交种的纯度。

微课：番茄
杂交授粉技术

动画：番茄
植株调整

动画：番茄
杂交授粉

二、工作程序与方法

整枝绑蔓	结合授粉工作进一步整枝、绑蔓。将新生出的侧蔓及时除去，减少营养消耗，以利于坐果。授粉结束后可根据结果数量和叶片数目确定是否有必要保留一些分枝，以增加功能叶片的数量。

续表

授粉前准备	**人员培训：**授粉前对挑选的授粉工(无限生长型品种每公顷需要30～45人，有限生长型品种每公顷需要90～120人)进行相关技术和操作规程培训。 在农闲期间和授粉之前提前准备好下列授粉工具。 **镊子：**供人工去雄使用。一般选用普通小号不锈钢镊子或医用眼科镊子。 **花粉筛：**铜底或尼龙纱底，筛眼100～150目，用以筛取花粉。 **干燥器：**玻璃干燥器，供花药干燥及花粉贮存。 **干燥剂：**可用变色硅胶，吸湿后经过干燥可以重复使用。普通生石灰也可以，吸湿潮解后更换。 **授粉工具：**供授粉用，包括弯头带小孔的玻璃管(直径为0.5 cm的细玻璃管吹制)、塑料管等。 **盛粉器：**供田间使用及贮存花粉使用，可根据需要选用适当大小的玻璃瓶、玻璃皿或塑料盒等。 **酒精与药棉：**将脱脂棉撕成小块，放在广口瓶内，用75%酒精浸泡，用于用具及授粉者双手的消毒。
去杂去劣	在杂交授粉前对亲本的纯度进行严格检查，根据双亲各自特征、特性，如株型、叶形、叶色、茎色、长势、分枝习性及果柄是否有节等特点拔除杂株、病株和弱株。母本植株上已结的自交果和已开放的花朵也要摘除干净，畸形花蕾包括双柱头带状花、长柱花等也要摘除。采集父本花粉前还要对父本再进行逐株检查，对可疑株宁拔勿漏。
选花	主干多从2～6花序中选花，侧枝从1～5花序中选花。每个花序中第1～4朵花坐果良好，从第5朵花开始，坐果率明显下降。因此，杂交制种时，大果型品种多选用花序基部1～4朵花杂交，中果型品种可选用花序基部1～6朵花杂交，小果型品种选用花序基部1～10朵花杂交，其余摘除。若要提高产量，可增加杂交花序数，而不宜增加每序花朵数。
采集花粉	**时间：**父本清杂后，就可以每天选花、采花制粉。一般在晴天上午10:00以后或阴天中午，露水干后最适宜，选花瓣180°展开，花瓣、花药呈鲜黄色的花朵。花瓣翻卷、颜色变淡花朵、幼龄花朵花粉活性低。采粉时根据授粉需要适时采集，随采随用。 **方法：**专人采集当日盛开、发育正常的花，采用人工筛取花粉的方法制取花粉，用于杂交授粉。也可以采用花粉器采粉、直接采粉等方式。不要采摘前一天开放过的雄花。大面积制种时，花粉应集中采集，统一授粉。
去雄	**选花：**去雄授粉前先将全田已开放的花(跑花)摘除干净。选用开花前1～2 d的肥大花蕾去雄，此时萼片彼此分离向外展开，淡绿微黄的花冠露出少许，花瓣的瓣尖尚未分离或微开，花药呈黄绿色，但未开裂散粉。 **时间：**全天可去雄，但以下午为好。 **方法：**在母本花序上第1～4朵花蕾中，选择乳白色花苞，雄蕊绿中带黄的花蕾(图2-18，图2-19)，去雄时左手食指和拇指抓住花蕾基部，右手持镊子在花蕾鼓起的地方插入，待感觉插入后，轻轻放松对镊子的挟持力，把药筒撑开，将花药全部夹住去除(图2-20至图2-23)。还可以采用下压的方法，即用镊子将花药筒分成两瓣后，再用镊子尖端夹住花药中下部，向侧下方一推，借下压的力将花药去掉。还可以采用徒手去雄，在母本花朵现喇叭口、达到渐开阶段，用左手拇指和食指稳持花蕾基部，右手拇指和食指的指甲夹住花朵的花瓣和雄蕊药筒的一角，向上提拔，即可将花瓣连同药筒一同拔掉。去除的雄蕊装入小盒带出田外，严禁随意丢弃，防止散粉发生自交。

续表

去雄	 图 2-18　去雄作业  图 2-19　选花  图 2-20　剥开花瓣  图 2-21　插入花药筒  图 2-22　夹去雄蕊  图 2-23　去雄完成
杂交授粉	**时间：**6 月中旬开始，去雄后 1～3 d 授粉，此时花冠鲜黄色、花瓣 180°展开，是授粉的最佳时期。每天 9:00—11:00 授粉效果好，16:00—18:00 效果稍差，有露水、雨天、雨后几小时不宜授粉，可以集中去雄。 **方法：**在去雄后第 1～2 天，当花瓣张开到 180°时即可授粉，先从基部撕去两枚萼片，做好标记，以免授粉后忘记。授粉时将柱头伸进授粉管小孔内，待柱头上完全粘上花粉即可，授粉要小心细致，涂抹花粉均匀一致，不能擦伤花柱。当天没有用完的花粉保存在冰箱中冷藏供第 2 天使用。在每花序授粉 5～6 朵或已结果 4～5 个之后，可将花序尾端花蕾摘除。若同时进行两个或两个以上杂交组合授粉时，在做完一个杂交组合的授粉工作后，必须将授粉工具和手用酒精棉擦拭干净，杀死残留花粉，再进行下一组合的授粉(图 2-24 至图 2-27)。

续表

杂交授粉	 图 2-24　去雄后盛开的花朵  图 2-25　去除两枚萼片标记  图 2-26　授粉完成  图 2-27　果实发育
清花留果	母本植株全部花序授完粉一周后，等上部果实膨大即可进行封顶，在最后一个花序后留3～4 片叶进行摘心，摘除多余的腋芽及徒长枝，摘除未开放的花蕾、花序以及未做标记的果实，集中养分供应杂交果实生长。在坐果期根据生长习性、叶形、花序（包括着生节位、类型、花数）、幼果特征等典型性状选择；在第一穗果实成熟期根据抗病性、生长势、熟期、果实性状（色泽、形状、心室、种子数量）等选择。
拔除父本	杂交番茄制种田母本授粉工作结束后一周内，要立即将整个田区的父本全部拔除干净，严禁父本植株坐果留种或食用。
病虫害防治	及早调查田间病虫害发生发展情况，采取生物防治和化学防治相结合、“前防后治、前稀后浓”的原则，在防治病虫害的同时，加入适量磷酸二氢钾或氯化钙等微肥配合使用，以提高番茄自身抗病能力。

三、常见技术问题处理

1. 如何制作授粉管？

用直径 1～1.5 cm 玻璃管前端在酒精灯上熔化封口，然后吹制成前端膨大，一侧吹开直径0.5～1.0 mm 小孔的状态，吹制好后用小砂轮切片切开玻璃管。也可以用冷饮吸管，牙签缠绕医用胶带或棉花将吸管两端堵塞，授粉时，将一端牙签拔出，另一端轻轻向里推压，使花粉到达吸管口，以便授粉（图 2-28）。

2. 如何采集花粉？

除人工筛取花粉的方法外，父本花粉的采集方法还有花粉器采粉、直接采粉等几种。

(1)人工筛取花粉　摘取盛开的父本花(图 2-29)，取出花药放在油光纸上，晾在干燥通风处，经 3～4 h 花药开始干燥开裂散粉(图 2-30)，用玻璃杯、瓷碗收集花药，杯口绷细密网纱摇制过滤花粉，将晾好的雄蕊放在小杯内用滤布盖住摇粉，杯口盖小碗，花粉落入小碗，用毛刷刷出杯内花粉，不可在摇粉器内放置附属物，应直接由雄蕊摇出花粉，摇粉时间不可过长，以免摇出杂质(图 2-31)。若遇阴雨天气，可放在电灯下干燥。制好的花粉用玻璃花粉管收集，当天使用或第 2 天使用。

图 2-28　自制吸管授粉用具

图 2-29　制粉选花标准

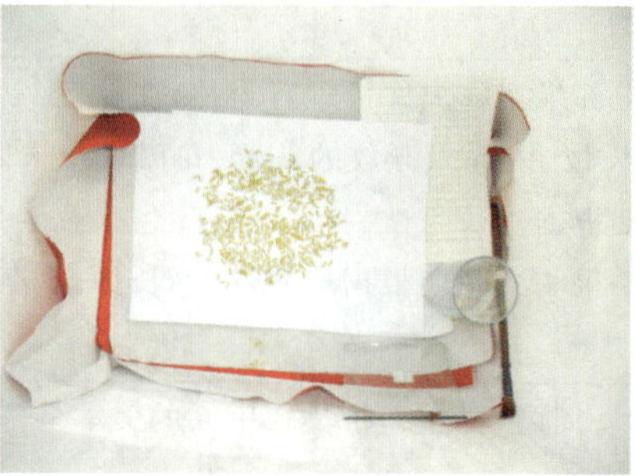

图 2-30　阴干花药

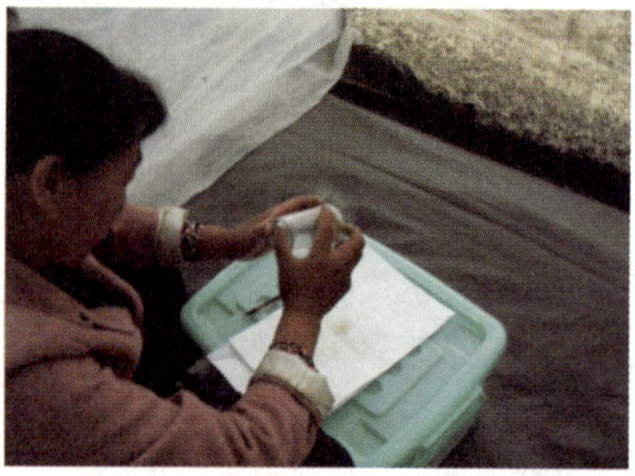

图 2-31　摇粉

(2)花粉器采粉　用手持式电动采粉器，将振动针插入父本花药筒中，花药筒开口处向下，经振动花粉自动落入采粉器。这种方法无需将花朵摘下，效率高，花粉活力强，但单位面积采粉量较少。

(3)直接采粉　取当日完全开放的花朵，摘下花药筒，将其平展于左手食指上，以拇指压住基部，右手持锋利尖头的小扁钢锥沿花粉囊散粉口的内侧刮取花粉。这种方法简便快捷，但速度很慢，适合于小规模多品种杂交制种用。

3. 如何提高番茄杂交授粉结实率？

影响番茄杂交授粉结果率及种子数的因素很多，如当日的天气情况(晴天、阴天、雨天)、授粉的具体时间(上午、下午)、雌蕊的发育状况(蕾期、花期)及授粉的方式(一次授粉、重复授粉)等。

通过调查发现，授粉以晴天为好，结果率以雨后初晴为最好。授粉 12 h 内，若遇雨，应该在花朵上雨水稍干或第 2 天进行重复授粉。

对授粉的具体时间，一般以每天母本田露水干后开始授粉为宜，晴天多在 8:00 左右开始，温度低于 15 ℃或高于 30 ℃应该暂停授粉。番茄蕾期去雄，花期人工授粉，即在去雄后 1～2 d 授粉，坐果率可达 70%～80%，如果蕾期去雄随即授粉坐果率只有 60%左右。花期重复授粉比一次授粉可提高结实率 10%～50%，增加单果种子数 20～90 粒或更多。

4. 病害如何防治？

(1)番茄早疫病　又名轮纹病，主要为害叶片。叶部受害，初生暗褐色水浸状小斑点，以后扩大成圆形或椭圆形病斑，边缘深褐色，中央灰褐色，有同心轮纹，潮湿时上生黑色绒毛状霉。严重时早期造成落叶。茎上病斑多在分枝处发生，灰褐色，椭圆形，稍凹陷，易折断。果实上病斑多在蒂部和裂缝处发生，圆形，褐色，稍凹陷，上生黑色绒毛状霉。病果常提早脱落或受杂菌侵染而腐烂。

防治方法：分苗后和定植前各喷一次(0.5 ∶ 0.5 ∶ 150)波尔多液或代森锰锌可湿性粉剂，预防苗期患病；发病前或发病初期，喷施百菌清(达科宁)可湿性粉剂或阿米西达；发病后喷施噁醚唑(世高)或甲基硫菌灵(甲基托布津)等杀菌剂。每隔 7～10 d 喷 1 次，连续喷施 2～3 次。

(2)根腐疫病　俗称“烂脖根死棵病”。结果初期发病严重，死秧多，甚至毁秧绝产。以根部、茎基部或淹水的果枝发病较多，病斑环绕茎基或果枝，呈黄褐或灰褐色，腐烂后干枯，病部以上枝叶萎蔫枯死。该病在以灌溉为主的地区，侧根或主根最易发病，在土表高湿条件下可蔓延到茎的基部。此外亦可引起果枝发病，病斑下面的木质部和维管束变褐腐烂植株逐渐萎蔫枯死。

防治方法：科学灌水；在发病前或发病初期喷施百菌清(达科宁)可湿性粉剂；发病初期用甲霜灵 · 锰锌喷雾或将甲霜灵 · 锰锌稀释 500～600 倍液灌根。每隔 7～10 d 喷(灌)1 次，一般连续喷(灌)2～3 次。移栽健壮苗和加压滴灌可大幅降低根腐病的蔓延。

(3)晚疫病　番茄幼苗、叶片、茎和果实均可发病，以叶片和处于绿熟期的果实受害最重。幼苗期叶片出现暗绿色水浸状病斑，叶柄处腐烂，病部呈黑褐色。幼茎基部呈水浸状缢缩，导致幼苗萎蔫或倒伏。果实上的病斑有时有不规则形云纹，最初为暗绿色油渍状，后变为暗褐色至棕褐色，边缘明显，微凹陷。果实质地坚硬，不变软，在潮湿条件下，病斑长有少量白霉。

防治方法：选择地势高燥、排灌方便的地块种植，合理密植。切忌大水漫灌，雨后及时排水。加强通风透光，保护地栽培时要及时放风；及时施药防治。可喷洒 40%乙磷铝可湿性粉剂 200 倍液，或 40%甲霜铜可湿性粉剂 800 倍液，或 72.2%普力克水剂 800 倍液，或 65%代森锌可湿性粉剂 500 倍液，或 95%硫酸铜 1 000 倍液，或 1 ∶ 1 ∶ (160～200)波尔多液等药液，每隔 5～7 d 喷 1 次，连喷 3 次或采用熏蒸的方法(图 2-32)。

5. 花粉如何贮存？

贮存花粉应该放在比较干燥和低温的地方，避免阳光直射。可将盛放花粉的容器盖严密封，再置于冰箱、干燥器(图 2-33)或石灰筒内，可贮存和连续使用 2～3 d。

图 2-32　熏蒸防治病害

图 2-33　干燥器贮藏花粉

6. 如何提高结果率和种子数？

杂交制种母本单株结果数多，则相应的单株种子数也多，单株种子重量也大，两者呈正相关。但随单株结果数增多，种子千粒重降低，影响种子质量。在实际生产中，应该根据采种果实大小控制适当的结果数，以使种子充分发育。因此，一般大果型每序授粉 3～4 朵，中果型 4～6 朵，小果型 5～10 朵，为提高坐果率可增加杂交花序数。近几年试验发现，采取宽垄密植，进行 3～4 干整枝，可有效提高单株结果数。

单果种子数与授粉质量密切相关，在授粉受精不良的条件下，单果种子数少，条件良好每果种子数可达百粒以上。生产上除应用生活力强的新鲜花粉外，效果最明显的是二次授粉。

7. 如何进行母本选留花序坐果？

番茄母本植株第一花序的花朵开放时，往往植株还未充分发育，一旦坐果就不利于其进一步发育，而且这些花朵的发育多处于较低的温度环境，以畸形花居多，不适宜杂交制种。另外，早期气温偏低，不易结果，即使结果，单果种子数也很少，所以主茎第一花序一般都予以摘除，不留用坐果。

任务四　结果期管理

一、工作任务与要求

人工杂交授粉以后，做好制种田管理工作。主要是根据制种番茄的长势、土壤水分状况，及时组织制种农户浇水，追肥。依据品种特征，及时打除下部老叶，减少营养消耗，促进同化产物向果实运输。及时检查、预防、防治病虫害。同时督促农户将标记不清的果实摘除，将性状不一致的杂株拔除。

二、工作程序与方法

灌溉追肥	授粉结束后 2～3 d 追施复合肥 5～10 kg，并浇小水，结果期是杂交番茄需水最多的时期，应根据植株生长情况及时浇水，经常保持地面湿润，浇水切忌忽干忽湿，导致裂果。根据植株生长情况及时追肥，以速效肥为主，也可根据需要采用叶面追肥的方式，每隔一周喷施一次磷酸二氢钾，磷酸二氢钾的使用浓度可根据苗情从 0.1%～0.3%逐次增加。

续表

去老叶	在杂交授粉 15 d 之后，将第一花序下面的叶片全部打去，提高田间通风透光性，减轻病害发生。
摘心打杈	摘心打杈要在晴天上午进行，有利于植株伤口愈合，严禁在阴雨天进行，以避免病虫侵染。对长势过强或无限生长的类型，在最后一穗果实后留 3～4 片叶打顶，以减少营养消耗，保证果实生长对营养的需求。打去叶腋处的侧芽和下部老叶(图 2-34)。  **图 2-34　去除下部老叶**
病虫害防治	此阶段气温高、降雨多，是番茄果实膨大生长的关键时期，也是病虫害发生的高峰期，一定要做好病虫害的防治工作。

三、常见技术问题处理

1. 脐腐病如何防治？

脐腐病是一种生理性病害。初在幼果脐部出现水渍状斑，后逐渐扩大，至果实顶部凹陷、变褐。在果实顶部以落花的部分为中心，发生暗绿色水渍状病斑，通常直径 1～2 cm，严重时扩展到小半个果实；果实底部呈扁平状或凹陷，受害果实提早变色，后期遇湿度大时腐生霉菌寄生其上呈现黑色或绿色等霉状物，污染果实，导致品质下降。

防治方法：在番茄第一穗果坐果后，要均匀浇水，不可间隔过长造成土壤缺水。夏季高温时浇水宜在清晨或傍晚进行，宜勤浇、浅浇；避免施氮过多，特别是速效氮，不要一次施用过量，注意氮、磷、钾适当配合，要多施腐熟有机肥；发病时，用 1%过磷酸钙、0.1%氯化钙进行根外施肥，每 7 d 喷施 1 次，具有良好防效。

2. 如何解决制种田植株早衰问题？

对植株长势弱，有早衰症状的番茄植株要及时进行磷酸二氢钾叶面追肥，以促生长，提高产量。

任务五　种 子 采 收

微课：番茄种子采收技术

一、工作任务与要求

根据制种品种生育期长短、授粉时间、当地气候条件等判断，果实成熟即可分批采收。组织制种农户在采收前对全田果实进行一次去杂，将与品种特性不相符的杂株一律清除，经检查去杂合格后，进行杂交果实的采摘，采摘的果实进行适当后熟，再进行剖果取种、适当发酵，然后进行淘洗、种子消毒处理。将漂洗干净的种子晾晒至安全水分，装袋待检。抽取有代表性的样品上交报检，检验内容主要包括发芽率、水分、净度、纯度等，检验合格的种子即可组织农户进行交售，公司便可以进一步进行加工、包装、销售工作。

二、工作程序与方法

去杂去劣	采收前根据果形、果色、果肩颜色、果柄是否有节，以及萼片是否去除等，拔除杂株、劣株，摘除自交果实。
测产	采收前选点，每点选择 10 株，逐株数单株果数，选择植株有代表性的下部、中部及上部花序中的果实各 3～5 个，剥开果实，数出单果种子数，计算产量。
采收	番茄绿熟期种子即具有发芽能力，但活力、千粒重、贮藏性差，果实采收应在完熟期。个别品种有胎内发芽现象，为防止发芽率下降，不能过熟。 采摘时只采集符合品种特性、有明确杂交标记的果实，不能采集无标记的果实、落地果、畸形果和病虫果。
后熟	果实采收后堆放在阴凉通风的地方，经 1～2 d 后熟后进行取籽。不同品种分开进行，防止混杂。
剖果取种	可以用人工或机械取籽，挤压或剥开种果，挖出带胶状黏质的种子，置于容器中自然发酵。不用铁器物，场所、器械干净，防止混杂。
发酵	**工具**：采用木质、瓷质或塑料盆、桶、缸、地坑、池等，切勿使用铁器，以防种子颜色变黑，失去光泽，影响质量。 **时间**：发酵时间因发酵温度而不同，一般 1～2 d，温度高发酵时间短，反之则长。一般在 25～28 ℃条件下，发酵 20～30 h 即可。 **方法**：在发酵过程中要经常搅拌，保证发酵均匀充分，使果胶与种子完全分离。发酵过程不得见水、淋雨，当发酵液面产生一层白色菌膜，手摸种子无黏滑感，大部分种子沉于缸底即可结束发酵。发酵时间过长，种子活力下降，种皮颜色发黑；发酵时间过短，种子清洗困难。也可以用发酵液或果胶酶辅助发酵，以缩短发酵时间。发酵时间适宜，经常检查，更换品种时清理器具，避免发生混杂。发酵时盛放种子的容器要干净，无水分，发酵物装入容器不宜太满，以防发酵过程中体积膨胀种子溢出。发酵过程中应在容器上贴标签，注明品种名称和发酵日期，以便管理。
清洗	清洗种子使用干净的井水、自来水等，不要使用河水、湖水、渠水等，以防病菌侵染，种子清洗时间最好安排在晴天早晨进行，以利种子当天基本晒干或晾干。在高温季节，如果种子表面水分未干而放置过夜，常发生种子萌发现象。清洗前先用棍棒搅动发酵液，使种子与杂物分离，然后用清水漂洗，将果肉、果皮、杂物及瘪籽一并漂去。注意观察种子是否发芽，一旦发现即可清除。
种子处理	种子在水中淘洗干净后，用 1%的次氯酸钠处理 5 min，再用 1%盐酸处理 10 min，捞出后在清水中反复淘洗 3 遍，晾晒。

续表

晾晒清选	**脱水**：种子淘洗干净后，可放入尼龙网袋内挤出水分，或连同网袋一起放入脱水机甩干。 **晾晒**：经清洗沥干或甩干的种子应立即晾晒。可摊在底部稍架空的纱网、帆布、竹席等透气物上，种子尽量摊薄，经常翻动，种子稍干后可摊得厚一些继续晾晒。夜晚收到室内或加覆盖物防风防雨，第 2 天再晾晒，直至含水量至 7%～8%为止。 **脱绒处理**：用手工脱绒和机械脱绒；手工脱绒时将适量种子装在布袋中反复在水泥地面上摔打脱绒。 **清选**：种子完全干燥时杂质不易剔出，在晾晒至半干时即用簸箕或风车清选，种子含水量达到 8%即可装袋待检。
装袋待检	将清选干净的种子存放在麻袋、布袋或编织袋内，同时将每一包装袋内外均放置标牌，写明品种、袋号、产地、户名、数量、年份，扎紧扎牢袋口，不同品种要单装、单收，将种子袋放在干燥、无污染、无虫鼠害的地方，经常查看，防止种子混杂、霉变。
报检	在制种户的全部种子中扦取样品至规定数量，为确保公平应一式三份，即制收种双方各密封保存样品一份，上交种子管理部门鉴定一份，编号报检。
检验	茄果类种子检验依 GB 16715.3 茄果类标准执行，在田间去杂的基础上进一步进行室内鉴定和种植鉴定。室内鉴定包括种子发芽率、水分、千粒重、净度检验，种植鉴定主要测定杂交率。番茄杂交种子国标规定，杂交种一级纯度不低于 98%，二级纯度不低于 95%，发芽率不低于 85%，水分不高于 7%，净度不低于 98%。
收购	对检验合格的种子要及时组织农户进行定量包装并交售。按照种子管理规程和本公司要求统一进行加工、包装、销售。

三、常见技术问题处理

1. 如何进行果实采收及处理？

根据番茄成熟情况分批进行采收，采收时务必保留果梗与萼片，以便再次检查（图 2-35）。采收时，对标记不清、病果、畸形果及落地果坚决不允许采收（图 2-36）。采收后及时运送至后熟场地进行后熟（图 2-37），期间不同品种分别运输、后熟，防止发生混杂。生产洁净种子时，还要求在果实后熟之后进行消毒处理（图 2-38），之后才能剖果取籽。

图 2-35　果实采收标准

图 2-36　采收作业

图 2-37　后熟处理

图 2-38　果实消毒处理

2. 如何剖果取籽？

大面积制种可以采用脱子机采种(图 2-39)，采种前一定要将机械清理干净，散落在外的种子一律不得捡起，严防混杂。杂交制种面积小时可用刀子横向将果实剖开。然后将种子和胶瓤挤入非金属容器中(如瓷盆、塑料盆、桶或缸等)发酵(图 2-40)，然后进行清洗(图 2-41)消毒和脱水(图 2-42)等。

大面积制种时也可以因地制宜，在地面上挖坑，垫上防渗材料，用脚将果实踩烂，在坑中发酵，除去果肉、果皮等。也可以将番茄果实装在蛇皮袋中扎好袋口，将果实踩烂，堆放发酵。

图 2-39　机械取籽

图 2-40　发酵搅拌

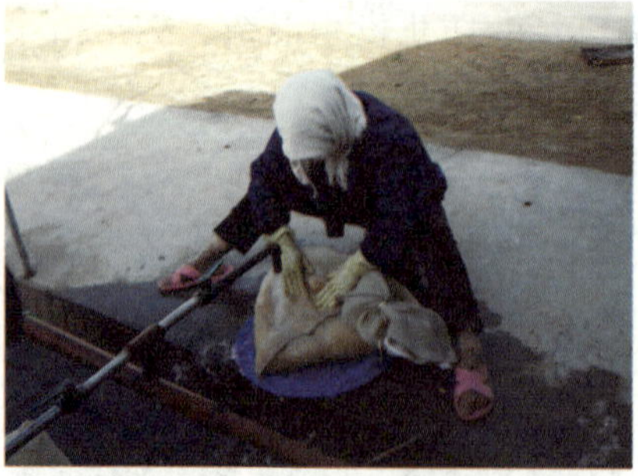

图 2-41　种子清洗

图 2-42　种子脱水

3. 浸种盐酸如何配制？

使用浓度为 1% 的盐酸原液，调配比例为 18 kg 水兑 1 kg 盐酸。在调制过程中盐酸浓度 pH 试纸测定比色范围，以 1.0～1.5 为准。

4. 种子采收过程中发芽的原因？

番茄种子在果实中或虽取出仍置于种子外面的胶状物中，因有较高的酸度及其他抑制萌发的物质存在，所以种子不会发芽。如胶状物中掺有清水，或在发酵过程中，发酵过度，就会引起发芽。在番茄种子发酵后的清洗、晾晒过程中，如遇阴雨天气，2～3 d 内种子含水量未降到15％以下时，也容易引起发芽。

5. 如何判断发酵程度是否合适？

判断发酵程度的方法如下。

(1)发酵物表面无菌膜，表明发酵不足；菌膜为绿色或红色、黑色，表明发酵过度；菌膜白色，表明发酵适度。

(2)用木棍搅动发酵物，如果种子下沉，表明发酵适度。

(3)用手攥捏种子，果胶已与种子分离，并无黏滑的感觉，表明发酵适度。

(4)发酵搅拌时若感觉不费力，说明发酵适度。

6. 如何快速晾晒种子？

晾晒种子应选择阴凉、通风、干燥处。避免在烈日下曝晒，也不应该在水泥地、铁板上或不透气的塑料薄膜上晾晒，以免温度过高种子发芽率降低。遇连阴雨天气，可将经阴干的种子放入鼓风干燥箱中烘干(图 2-43)，温度控制在 40 ℃以下，并经常检查、翻动直至初步干燥，待天晴后再在阳光下晾晒至水分符合要求(图 2-44)，最后装袋、贮藏(图 2-45、图 2-46)。

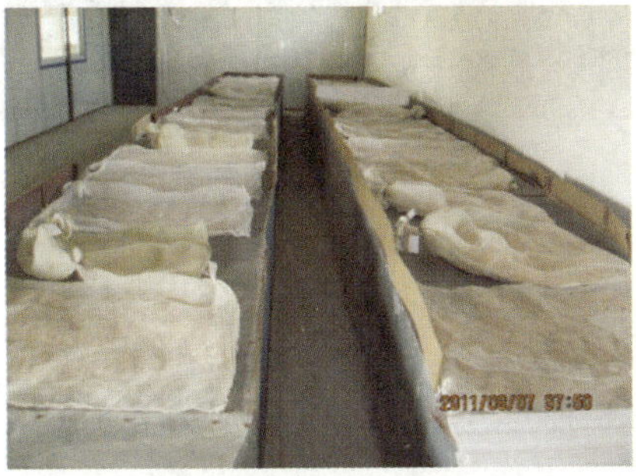

图 2-43 种子烘干处理

图 2-44 水分快速测定

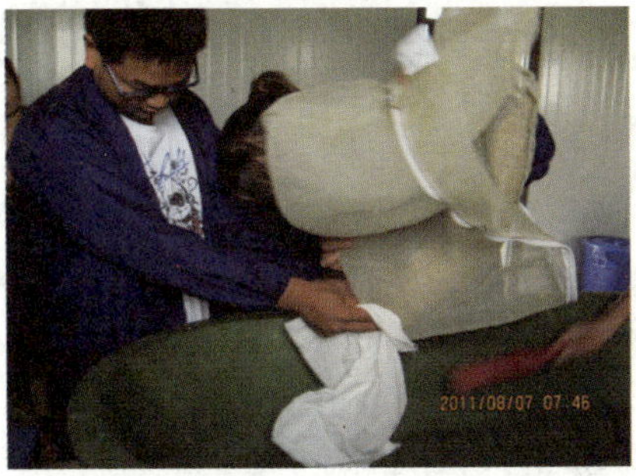

图 2-45 装袋

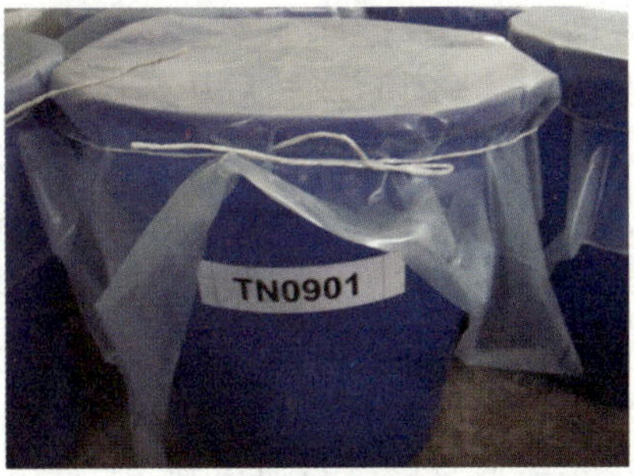

图 2-46 贮藏

【理论基础】

一、形态特征与生长发育规律

微课：番茄生物学特性

(一)根

番茄植株长势强，根系发达，再生能力强，主要根群分布在30 cm的耕层内，最深可达1.5 m(图2-47)。茎基部极易产生不定根，若苗期徒长可将下胚轴多栽一些于土中，促进发生不定根，有促进壮苗形成的作用。

(二)茎

茎半蔓生或半直立生长，基部木质化，合轴分枝，表面着生茸毛和腺毛，幼茎呈现紫色或绿色(图2-48)。分为有限生长和无限生长两种类型，小果型番茄分枝强，在同一植株中第一花序下面的分枝较其他叶腋长出的分枝强，在双干整枝时保留第一花序下的分枝，有利于分枝和主枝的平衡生长。

图2-47 番茄的根

图2-48 番茄的茎

(三)叶

叶互生，单叶，根据缺刻的深浅，可分为深裂和浅裂。叶色浅绿或深绿色。茎、叶上密被短腺毛，散发特殊气味，具有驱虫作用。栽培品种有3种形态的叶片，分别为花叶型(普通叶，大部分番茄)、皱缩型(直立茎类型番茄)和薯叶型。

(四)花

动画：番茄开花结果过程

花冠黄色，基部合生，先端5～6裂。雄蕊5～7枚，花丝短，花药长，连接成圆锥状药筒，成熟后从药筒内壁各个花药中心线两侧纵裂散粉(图2-49)。雌蕊被包围在药筒中央，在开花过程中花柱伸长，突出药筒，沾上花粉，完成自花授粉。花冠颜色随花朵开放的程度不同而有深浅的变化，初开放的蕾为浅绿色，盛开时为鲜黄色，花谢时为黄白色。花萼5～7枚，绿色，分离，随果实发育而增大，具永存性。花序有总状、复总状和不规则花序3种，花序内花数因品种、花序类型、营养状况不同而不同。一般每序6～10朵花，小果型及樱桃番茄达到10～60个，或更多；植株每隔1～3叶着生一个花序。花的大小应品种而异，从1.5～3 cm，小果型花小，变化也较小，大果型花大，变化也较大(图2-50)。

图 2-49　番茄的花

图 2-50　番茄花序

两性花，自花授粉，天然异交率在 4%以下。部分品种花柱很长，授粉之前就突出药筒，称为"长柱花"，异交率较高。个别花朵中花柱数枚呈复合状，结畸形果，不做杂交。个别品种花药连接松散，药筒尖端开裂较大，对判断去雄时间造成影响。雌蕊子房 2 心室至多心室，内生胚珠数百粒，中轴胎座，通常制种产量随心室数增加而提高。

番茄开花多在 4:00—9:00，14:00 以后少开花，温度低于 12 ℃时停止开花，高于 35 ℃时易落花落蕾。在 21～31 ℃，相对湿度 90%～99.3%开花最多。在花药未自然开裂前，人工取出的花粉没有受精能力，花药裂开时花粉成熟，成熟的花粉粒可以保持两周的生活力。雌蕊在花药开裂前 2 d 已具有受精能力。在开花前进行蕾期授粉能获得 45%～50%的结实率。

番茄开花顺序是从基部向上顺次开放。通常一序花没开完，第二序已开始开放。番茄的花开放前，花冠迅速生长，当冠端与花萼尖大致齐平时，花萼顶端分离外张，逐渐露出淡绿嫩黄的花冠，称"露冠"。当花冠继续伸长时顶端分离开张，花瓣间展开达到 30°，雌蕊成熟，开始具有受精结实能力。花瓣间展开达 90°称为"开放"，达到 180°时为盛开期。此时花瓣鲜黄，花药成熟并散粉，花柱迅速伸长突出药筒，柱头分泌黏液接受花粉(图 2-51)。

花开放后 1～2 d 为授粉最佳时期，盛开期结籽能力最强。采用蕾期去雄(图 2-52)，盛开期授粉的方法制种，能明显提高坐果率和单果结籽数。雌蕊受精能力可保持 4～6 d，此后花瓣逐渐向后翻卷、凋萎、谢落。番茄在一日当中开花无定时，一般 4:00—8:00 时最多，14:00 时后很少。晴天开花多，阴天开花少，下雨天基本不开花，雨后初晴开花最集中。番茄花在适宜条件下授粉，数小时后花粉管萌发，两天后完成受精，果实开始膨大(图 2-53)。

图 2-51　番茄开花过程

图 2-52　去雄后 2 d 花盛开

图 2-53　授粉后果实开始膨大

(五)果实

果实为多汁浆果,由外表皮、中表皮、内表皮、种子和胎座 5 部分组成。果实形状多种多样,按果形指数分为扁圆(果形指数 0.7 以下)、高扁圆(0.71～0.85)、扁圆球(0.80～1.00)和长圆形(1.01 以上);按果实形状分为扁柿形、桃形、苹果形、牛心形、李形、梨形、樱桃形等。即使同一品种,因栽培条件不同、果实发育好坏果实形状也会有很大差异,在制种田进行去杂去劣时要注意。果实有心室多个,心室的多少与果实大小密切相关,小果型品种一般 2～3 心室,排列整齐;中果型品种 3～6 心室,一般也较整齐;大果型品种心室较多,排列多不整齐。就同一品种来讲,尤其是大果型品种心室数的多少与栽培条件、开花时的环境条件和营养优劣有直接关系。番茄心室数与单果种子数密切相关,一般来说,同一品种在同时开花的条件下,心室数越多,则种子数越多(图 2-54)。

番茄的果实生长过程可分为三个阶段,第一阶段为 2～3 周的缓慢生长时期,此时生长量少于总产量的 10%;第二阶段为 3～5 周的快速生长时期,即在开花后 20～35 d,日生长量达到最大,等到果实绿熟期时,果重已接近其最大值;第三阶段是最后 2 周,生长缓慢,果重没有增长,但增加了代谢强度。

(六)种子

种子扁平卵圆形,表面覆盖茸毛,种子颜色由于采种时的处理条件造成的差别往往大于品种间的差别,种子的大小因种和品种而异,千粒重 2.7～3.5 g 。种子寿命随贮藏条件的不同差异很大,常温下一般 3～4 年(图 2-55)。

番茄果实尚未充分成熟时,种子即有发芽能力,但充分成熟的种子千粒重大,对以后的生长发育更有利。

图 2-54　番茄的果

图 2-55　番茄的种

二、生长发育周期

番茄可分为发芽期、幼苗期、开花期、结果期 4 个时期。

(一)发芽期

种子发芽至第一片真叶出现,适宜条件下需要 7～9 d(图 2-56)。番茄种子小,营养物质少,所以应选择粒大饱满的种子播种。

(二)幼苗期

第一片真叶出现至第一花序现蕾,需要 50～60 d,幼苗 2～3 片真叶时开始花芽分化(图 2-57)。

图 2-56　番茄发芽期

图 2-57　番茄幼苗期

(三)开花期

第一花序现大蕾至坐果,需 10 d,是营养生长向生殖生长过渡与并进时期(图 2-58)。这一时期管理的重点是及时调节营养生长和生殖生长的关系,既要保证植株有足够的营养开花结果,又要防止植株发生徒长。此期需肥量较大,是肥水调节的关键时期。另外,开花坐果期番茄对温度反应十分敏感,日温不高于 30 ℃、夜温不低于 15 ℃有利于开花坐果。

(四)结果期

结果期指第一花序坐果至全株结果结束。每朵花从开花授粉到果实成熟需 40～50 d(图 2-59)。番茄为连续开花、陆续结果的作物,只要条件适宜,无限生长型品种结果期可无限延长。结果期植株进入以生殖生长为主,生殖生长和营养生长并重的阶段,两者虽有矛盾,又相互依存,本阶段进入大量需水、需肥期,制种时应通过植株调整,维持合理叶面积,调整好秧果关系,以达高产。

图 2-58　番茄开花期

图 2-59　番茄结果期

对于果实的成熟可分为以下 5 个时期。

(1)青熟期　果实与种子已基本长成,种子四周胶状物也已形成,合成阶段已经完成,尚未进入分解阶段,果实周身均为绿色。

(2)转色期　果脐部开始转为红色。

(3)半熟期　果实表面从果脐开始有 50%转色。

(4)坚熟期　果实基本转色,但未软化。

(5)完熟期　果实完全转色并开始软化。

虽然青熟期果实内的种子就有发芽能力,但种子质量差,因此,采种果实要达到完熟期种子才能饱满。过于老熟的果实会落果腐烂,或遇雨开裂吸水,导致种子在果内发芽。

三、对环境条件的要求

(一)温度

番茄喜温暖,不耐炎热。生长发育适温为20～25 ℃,低于15 ℃授粉、受精和花器发育不良,低于10 ℃植株生长停止,－2～－1 ℃下植株死亡;30～35 ℃植株生长受阻甚至停止生长。种子发芽适温25～30 ℃,幼苗期适温20～25 ℃,开花期适宜的昼温20～25 ℃,夜温15～18 ℃,空气相对湿度90%以上;低于15 ℃停止开花,高于35 ℃落花落蕾。结果期适宜温度25～28 ℃。

(二)光照

番茄喜光,光饱和点是7.0万～7.5万lx,光补偿点是0.4万lx,光照不足或遮阴会发生徒长,坐果率下降。在日长16 h、照度0.84万lx下茎长、鲜重和干物质增长速度最快。光照强度不足或光照时间过长都会使幼苗生育不良,幼苗黄化衰弱,导致抗病性降低。

(三)水分

植株根系发达,吸水力强,地上部生有茸毛,叶片深裂,以减少水分蒸腾,属于半耐旱性蔬菜;适宜的空气湿度为45%～55%,土壤湿度为60%～80%。番茄幼苗期根系小,吸收能力弱,要求土壤水分保持在较高水平。进入营养生长盛期,随植株的长大,总需水量比苗期显著增多。从定植后到第一穗果实迅速膨大前,是番茄营养生长盛期向生殖生长盛期过渡期和转折期,是用土壤水分调控秧果关系的主要时期。定植后要充分灌水,缓苗后再灌一次水就要精细中耕,以促进根系向深、广方向发展,植株茎粗叶大,为以后大量开花结果打好基础。此期土壤湿度相应保持在60%～70%,否则,引起茎叶徒长、落花落果。结果期是番茄需水最多的时期,土壤水分保持在70%～80%,要经常保持土壤表面湿润,也就是"大水大肥"时期。

(四)土壤营养条件

番茄对土壤要求不太严格,但制种田最好选择土层深厚、排水良好、富含有机质的肥沃土壤。生育前期需较多的氮、适量的磷、钾;坐果以后,需较多的磷和钾,增施硼、锰、锌等微肥有助于番茄长势良好,提高其抗性。

四、番茄的品种类型

番茄属是由普通栽培种(*Lycopersicon esculentum*)和与之关系密切的几个种组成,又分为普通番茄和秘鲁番茄两个复合体种群。普通番茄群包括普通番茄、细叶番茄、奇士曼尼番茄、小花番茄、奇美留斯凯番茄、多毛番茄等;秘鲁番茄群包括智利番茄和秘鲁番茄。番茄的亚种有色番茄亚种(ssp. *eulycopersicon*)和绿色番茄亚种(ssp. *eriopersicon*)。

微课:番茄品种类型

普通番茄有5个变种:栽培番茄、樱桃番茄(Cherry tomato)、大叶番茄、梨形番茄、直立番茄。栽培番茄的祖先是樱桃番茄,栽培番茄的品种有三大系统:意大利系统、英国系统、美国系统,各系统品种都很普遍。

目前，在生产中应用的番茄品种类型也比较丰富，常用分类方法有以下几种。

(一)按株型分类

1. 无限生长型

茎无限生长，植株高大，茎蔓生，多数品种在第 7～9 节着生第一花序，以后每隔 3 片叶着生一个花序。果实采收期长，产量较高，栽培最为普遍。

2. 有限生长型

植株矮小，茎有限生长，节间短，茎粗壮，主茎着生 2～4 花序后，顶端变为花序 ，不再继续向上生长，成熟早，成熟集中。

(二)按用途分类

1. 加工番茄品种

适于制酱、制汁品种。如新红 49 号、IVF1305、IVF3311、DF8815、H1015 等。

2、鲜食番茄品种

露地栽培鲜食品种，如中蔬 4 号、苏抗 8 号等，包括现今大多数番茄品种。保护地鲜食番茄品种，如桃太郎等。

随着国内研发力度加强，品种更新换代较快。

五、番茄杂交种子生产的技术路线

目前生产上使用的番茄杂交种子，主要采用人工去雄、授粉的方法生产，多为单交种。在人工去雄、授粉制种过程中，人工去雄花费工时约占杂交授粉工作 2/3，劳动力成本很高，也是杂交番茄制种价格持续走高的主要原因之一。长期以来，许多科技工作者对不去雄授粉进行了大量研究，取得了一定进展。方法有：利用长柱头花不去雄授粉；化学杀雄、人工授粉；利用雄性不育两用系制种等。但这些方法的制种纯度(约 80%)与国际标准 98%相差甚远，在生产中尚未能大面积使用。

(一)利用长柱头花不去雄授粉

用可稳定遗传的长柱花系统作母本制种，提高不去雄授粉的真杂种率。由于长柱花遗传复杂，至今尚未育成可稳定遗传的、可用于制种的系统。

(二)化学杀雄

用 50～100 mg/kg 青鲜素(顺丁烯二酸酰肼)在开花前一周喷洒番茄花蕾，能使花药皱缩且不能开裂散粉，从而达到去雄的目的。也可用 0.3% DCIB(aβ-二氯异丁酸钠)水溶液喷洒番茄植株，经过 1～2 d 出现雄性不育，27 d 后恢复育性，处理后 20 d 内进行不去雄授粉，可靠性较高。国内外一些单位对化学杀雄剂进行了大量研究，如乙烯利、稻脚青、杀雄剂 2 号(甲基砷酸钠)等应用在水稻化学杀雄上；乙烯利、津奥林(SC2053)应用在小麦化学杀雄上，但番茄上化学杀雄剂目前尚未大面积推广使用。

(三)雄性不育两用系制种

番茄中目前发现的雄性不育系是核不育单隐性基因控制的两用系。制种中用薯叶、绿茎、黄化等苗期隐性标记性状的两用系做母本，以另一个自交系做父本，生产一代杂种。两用系制种有两个繁种区。

1. 杂交制种区

繁殖杂交种子，技术要点是：

(1)两用系在苗期根据标记性状，淘汰可育株，只保留不育株。

(2)父本与两用系的不育株按1∶(3～4)定植于制种田，母本垄作，双行定植，与人工去雄定植方法相同。父本集中定植于制种田方便灌水、管理的一角。

(3)在母本开花授粉前，根据花器再次检查母本中是否还有可育株，对不育株直接授粉。授粉操作与人工去雄授粉方法相同。

(4) 两用系中不育株上的杂交果实成熟后采收种子，即为杂交一代种子。

2. 亲本繁殖区

繁殖父本和两用系。

(1)父本的繁殖，可在隔离区内(隔离200 m)按常规品种的制种技术进行。

(2)雄性不育两用系的繁殖，在隔离区内(隔离200 m)，两用系在育苗时按1∶(3～4)的比例选留系内的可育株和不育株，分开定植，定植方法与杂交制种相同。在开花期用可育株花粉给两用系中的不育株授粉，并进行标记。从标记的不育株上采收的种子，一部分供应翌年生产一代杂种的母本，一部分留作翌年繁殖两用系用种。其他制种技术参照番茄人工杂交制种技术进行。

(四)人工去雄、人工授粉杂交制种技术

人工去雄、人工授粉杂交制种技术是目前番茄杂交制种的主要方法，经过人工去雄、人工授粉，有效地保证了杂交种的杂交率，是目前番茄杂交种子生产中普遍应用的方法。

【拓展知识】

一、茄果类蔬菜简介

(一)茄果类蔬菜的主要类型

茄果类蔬菜为茄科植物果菜类的通称。茄果类蔬菜包括番茄、茄子及辣椒，此外枸杞、酸浆等也属茄果类。茄果类蔬菜的食用部分是果实。其中番茄及红辣椒，食用其生物学成熟的果实，而茄子及青辣椒，食用其幼嫩的果实。因此，在生理上，要有一定的环境，使植株适时地正常发育。栽培时要尽量满足它们在生长发育上对外界环境的要求，满足的程度越高，生长发育就越快。

(二)茄果类蔬菜生物学及栽培管理共性

1. 植物学性状

茄果类蔬菜根系较发达，有一定的耐旱力，但在育苗栽培中，根系发展受到限制，必须注意水分的供给，特别在结果盛期，需水量较大。不耐较高的土壤及空气湿度。

2. 对环境条件的要求

茄果类原产于热带，要求温暖的气候条件，不耐霜冻。要求较强的光照及良好的通风条件，生长迅速，生长量大，生长及结果期长，要求较多而全面的营养，茄果类虽然都是喜温的蔬菜，但各种类间由于对温度、光照及土壤营养等的要求不尽相同，故栽培季节及过程也有所不同。一般来讲，番茄及辣椒比茄子较耐寒，而辣椒又比番茄耐寒。至于耐热性，则番茄不如茄子及辣椒。由于茄果类蔬菜对光周期的反应不敏感，只要温度适宜，从春到秋，均能开花结实。新疆秋季利用温室大棚栽培的，可以在冬季开花结实，营养条件对于花芽分化的影响，比光周期的影响更为明显。

3. 栽培管理共性

茄果类蔬菜同属茄科，有一些共同的病虫害，应与非茄科蔬菜实行3～5年轮作，有明显的杂种优势，利用一代杂种，增产潜力大。

花芽分化在幼苗期完成，培育壮苗大苗是栽培的重要环节，平衡营养生长和生殖生长的矛盾，是夺取高产稳产的关键。番茄、茄子、辣椒，为了延长生长及结果期，提高产量，一般都是在早春，甚至在冬前就在温床或温室里播种育苗，等到春暖以后，才定植到露地田间。育苗期间有3个多月，甚至更长的时间。茄果类蔬菜产量高，生长季节长，因而对肥水的需求量也大，不但要有充足的氮肥及磷、钾肥作为基肥，而且要早施追肥，第一穗果实结果以后，要重施追肥，这对于有限生长的番茄品种更为必要。

植株调整是茄果类栽培的一个特点。辣椒及茄子的主茎直立，很少整株；而番茄的茎蔓生或半蔓生，要立支柱，进行整枝。

茄果类蔬菜栽培过程中病害是影响产量的一个重要因素。病害中大部分是病理性的，包括青枯病、早疫病、病毒病等；但也有生理性病害，如畸形果、裂果、褐心、着色不良，以及断梢、卷叶等，都是生理反常引起的。

（三）茄果类蔬菜制种技术

茄果类蔬菜杂种优势明显，目前生产中杂种利用率较高，尤其是番茄和辣椒，茄子除杂交种外，还有相当一部分常规种应用于生产。茄果类蔬菜杂交种制种主要采用人工去雄、杂交授粉的方法，常规种生产主要采用空间隔离、田间多次去杂去劣的方法。

二、辣椒杂交制种技术

微课：辣椒生物学特性与品种类型

我国于20世纪60年代开始辣椒杂种优势利用，育成了湘研、苏椒、中椒等系列杂交品种。辣椒杂交制种有不去雄、化学杀雄、利用雄性不育系、人工去雄等技术。目前杂交种的生产主要是人工去雄制种，利用雄性不育是一个比较理想的途径。

（一）辣椒杂交制种设施

辣椒杂交制种由于生育期长，新疆露地制种往往不能完全成熟，特别是甜椒中的中晚熟品种。因此，中晚熟辣椒和甜椒主要利用塑料大棚制种；中早熟品种露地制种。

1. 露地制种

辣（甜）椒为常异交作物，异交率5%～25%，杂交制种需与异交品种隔离500 m以上，网室制种隔离距离较短。父母本温室育苗，4月份定植到大棚中。早熟品种可以不用拱棚定植，5月上中旬直接定植大田（图2-60）。

2. 塑料大棚制种

塑料大棚保温、保湿，可以提早定植，发秧快，开花早，坐果率高，结果高峰期提前，延长杂交制种的时间(图 2-61)。现在推广的网室、大棚杂交制种，在植株生长的中期，拆除大棚膜后，尼龙网能防止阳光直射，有遮阴降温的作用，还能防止蚜虫等侵入，减轻了病毒病及蛀果类害虫的危害。

图 2-60 露地制种

图 2-61 塑料大棚制种

(二)人工去雄、人工杂交制种的技术

微课：辣椒种子生产技术

1. 培育亲本

母本播种期与常规种基本相同，为使父本在杂交适期能达到盛花期，新疆各地多在 1 月下旬至 2 月上中旬，父本在温室大棚或穴盘播种(图 2-62)，定植时适宜苗龄 90～100 d。按父母本始花期调整父本播期，以父本比母本早开花 5～7 d 为宜；双亲始花期相同，父本比母本早播 7～10 d；如果父本比母本始花期晚 10 d，父本比母本提早 20 d 播种。育苗期注意观察父本生长情况，如果父本生长偏慢，可通过提高床温，减少通风次数和时间，及早将父本移于塑料棚内加强管理等措施促进发育。父本移栽时间为 4 月下旬至 5 月初。

2. 定植

母本定植在晚霜过后，气温回升稳定。定植选择晴天、土壤较干时进行，定植时采用坐水移栽，5～7 d 后灌一次缓苗水。定植密度与品种密切相关，母本栽植距离宜稀，采用宽窄行，宽行(水沟)行距 50～60 cm，窄行(垄)行距 40～45 cm，株距 35～40 cm，单株栽培，密度 4.5 万～5.25 万株/hm^2。父母本的种植比例为 1∶(4～5)[花粉量大的可达到 1∶(4～6)]。父本在母本田一侧集中种植，父本株距稍小，双株定植(图 2-63、图 2-64)。

图 2-62 穴盘育苗

图 2-63 大棚定植

3. 定植后管理

定植后偏重父本管理，前期少灌水，后期处于高温干旱季节，及时灌水，灌水不漫过垄面。定植 10～15 d 后，追施尿素 225 kg/hm^2。授粉前施尿素 225 kg/hm^2、磷酸二铵 150 kg/hm^2。授粉期间注意及时灌水、中耕，保持田间适宜湿度，减少落花落果(图 2-65)。

图 2-64　定植成活

图 2-65　追肥

4. 选花去雄

图 2-66　长柱花

辣椒花分为长柱花、中柱花和短柱花三种，其中前两种可育，第三种为不孕花，不宜选择进行杂交授粉(图 2-66 至图 2-68)。在母本发棵长旺时去雄杂交，选 3～5 层花蕾去雄。去雄授粉前，对父母本清杂整枝，摘除已开放的花朵，疏除“门椒”和“对椒”花果，以及门椒以下所有的分枝和内部瘦弱、发育不良的枝条。去雄时选择花冠由绿白色转为乳白色、冠端比萼片稍长、用手轻轻一捏即可开裂、第二天将要开放的花蕾(图 2-69、图 2-70)。于 17:00 以后去雄，用尖头镊子轻轻拨开花冠(图 2-71)，从花丝部分钳断(图 2-72)，将花药摘除干净，并在花柄处搭(系)上线绳作为标记(图 2-73、图 2-74)。忌伤害柱头和子房，保留花冠。也可采用留半冠、无花冠的方法，去雄速度快，结果率也较高。去雄时严格消毒手指及可能污染的授粉器械，遇到中柱花、短柱花及已经散粉而未开放的花蕾要清除。若花蕾过大，花药开裂散粉的可能性也大，特别是在干燥炎热的气候条件下，有花蕾尚未开放而花药已开裂散粉的花朵，应及时清除。

图 2-67　短柱花

图 2-68　短柱花

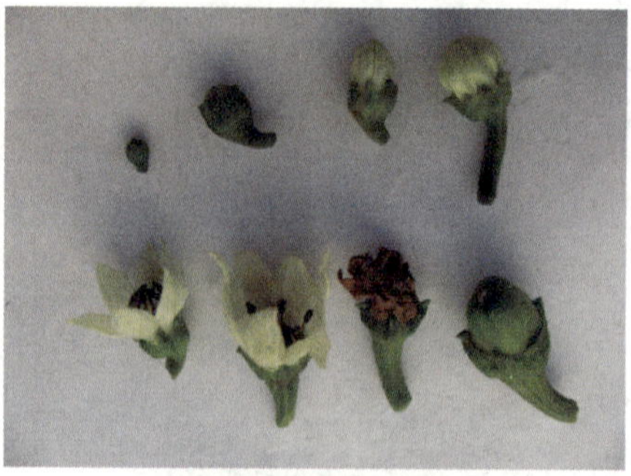

图 2-69　辣椒开花过程

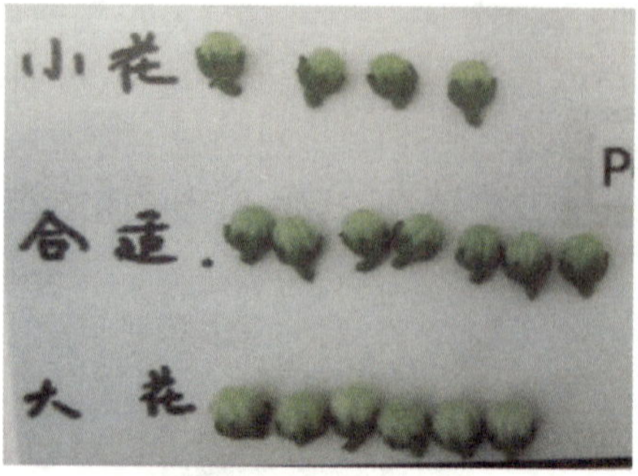

图 2-70　辣椒去雄选花标准

图 2-71　拨开花冠

图 2-72　夹去雄蕊

图 2-73　去雄完成

图 2-74　去雄后挂标记线

5. 制粉、授粉

(1)制粉　授粉前一天下午或当天 7:00—10:00,采集父本成熟未开裂至刚开裂的花蕾制粉,方法与番茄相同(图 2-75)。当天授粉剩下的花粉或备用的花粉装盒,置于 4～5 ℃的冰箱内冷藏。贮存 2～3 d 后,花粉仍具有一定的活力,但应与新鲜花粉混合使用。

图 2-75　筛取花粉

(2)授粉　授粉在 7:00—11:00 或 16:00 以后进行,遇露水或雨天要推迟。选去雄后第 2 天的花朵授粉,将去雄的雌花柱头轻轻插入授粉管头部小孔，涂花粉于已去雄的柱头上。如遇雨天，雨后重复授粉 1 次，坐果后在果柄上拴彩色线做标记(图 2-76)。根据品种决定每株授粉的花朵数，大型果坐种果 5～8 个，小型果 20～30 个，甚至可达 40 个。授粉结束后，摘除没有授粉的蕾、花、果及无标记的果实(图 2-77)，枝条摘心抹芽，使养分集中供应果实发育。

图 2-76　授粉后果实膨大

图 2-77　授粉后清花

6.授粉后管理

辣椒根系吸收能力较弱，定植后到第二层花开放前，勤灌水、早追肥、勤中耕、小蹲苗，促进发根发棵。进入去雄授粉期后，勤灌水、轻施肥，以免落花，但应经常保持土壤湿润，提高坐果率。种果坐稳后，勤灌水，重施果肥，施复合肥 375 kg/hm^2、磷酸二氢钾 75 kg/hm^2。进入果实转色期控制灌水，并拉线防止茎秆倒伏、劈裂(图 2-78)，促进种子成熟(图 2-79)。

图 2-78　搭架防止倒伏

图 2-79　成熟期

7.采收留种

种果在授粉后果实充分成熟时采收，早熟品种需 45～50 d，中晚熟品种需 50～60 d，保护地比露地时间长，需 65～70 d。采收前，再次检查清除杂株。只采收有标记的果实，防机械混杂。采收后的果实后熟 1～3 d(图 2-80)，使果实变软，便于取种。取种前最好将果实进行消毒处理(图 2-81)，可以采用人工或机械取种等方式(图 2-82)，取出的种子及时清洗消毒(图 2-83、图 2-84)、晾晒和清选(图 2-85 至图 2-87)。杂交制种产量甜椒 300～600 kg/hm^2，辣椒 450～750 kg/hm^2。

图 2-80　后熟

图 2-81　果实清洗消毒

图 2-82　机械取籽

图 2-83　种子清洗

图 2-84　种子消毒处理

图 2-85　烘干处理

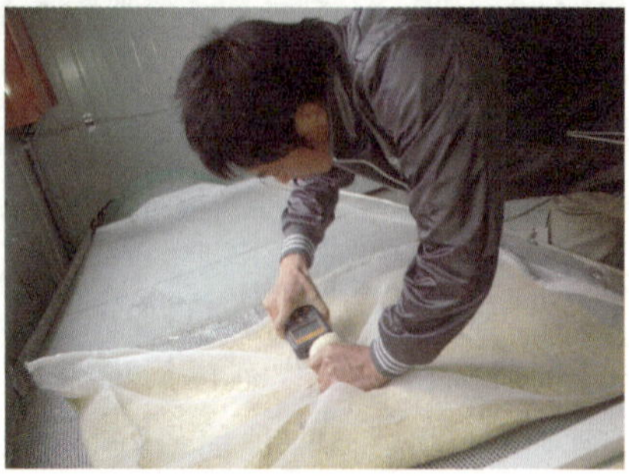

图 2-86　测定水分

图 2-87　装袋待检

(三)利用雄性不育系制种

利用雄性不育系制种是较理想的制种途径，免去了人工去雄所需的大量劳力，避免了因去雄不及时、不彻底所造成的假杂种。但是雄性不育的应用刚刚起步，不育系较容易得到，但恢复系很难找到，配组的自由度受到限制。资料显示，恢复基因主要在羊角椒和线椒类型中，在灯笼形甜椒中很少。目前，应用的雄性不育系有两类：一类是核质互作型雄性不育系；另一类是核型雄性不育两用系。

1.利用核质互作型雄性不育系制种

(1)保持系和恢复系的繁殖　保持系和恢复系的繁殖与常规种生产相同，专门设置留种田扩繁，或在繁育雄性不育系和生产杂交种时分别留种。

(2)雄性不育系繁殖　以不育系为母本，以保持系为父本，辅助授粉，不育株混合采收，获得雄性不育系种子。

(3)杂交种繁殖　以不育系为母本，以恢复系为父本，父本、母本比例 1∶(4～5)。辅助授粉，从不育系植株上收获杂交种子。雄性不育系的不育性表现有时会受到环境条件的影响，即在不育系植株中偶尔也会出现少量可育的植株或部分可育的花朵，授粉前应逐株检查，发现可育株或正常花朵及时拔除。

2.利用核型雄性不育两用系制种

(1)两用系繁殖　在保存繁殖两用系时，通过两用系植株中可育株花粉人工授粉于不育株柱头上，从不育株上采收的种子即为新繁殖的两用系种子。后代群体中仍然保持不育株和可育株的对半分离。两用系中的可育株在完成授粉任务后，提早拔除。

(2)杂交种繁殖　将作为母本的两用系和作为父本的恢复系按(6～8)∶1 定植于大田，两用系种植株距为父本的一半，避免因拔除可育株造成保苗数不足。在两用系初花期，进行育性鉴别，拔除可育株，保留不育株。经鉴别确定的不育株插杆标记，以后连续对未标记的植株加以鉴别，反复鉴定 4～5 次。鉴定后自然杂交，并辅助授粉，从不育株上收获杂交种子。

三、茄子常规种制种技术

微课：茄子生物学特性与品种类型　　**微课：茄子种子生产技术**

茄子常规品种(生产种)用原种、原种一代、原种二代等生产。生产技术和商品茄子栽培基本相同，但要注意隔离、去杂等工作。

(一)培育壮苗

茄子壮苗标准：定植时第一花序现蕾，且茎秆粗(直径 6～8 mm)，节间短，叶数多(8～9 片)，叶面积大，叶肉厚，叶色紫绿或深绿且有光泽，根系发达。茄子幼苗生长较慢，一般需

85～90 d,应早育苗。

1.床土准备

新疆各地在2月中下旬播种,温室育苗。有条件的可装电热线,保证育苗期间温度要求。床土用60%的2～3年未种过茄果类、瓜类蔬菜的菜园土,40%腐熟有机肥配制,加入磷酸二铵1～2 kg/m^3,氯化钾0.5～1 kg/m^3。用50%多菌灵粉剂与煤渣灰过筛拌匀后撒施苗床,作垫籽药土。用营养纸袋育苗,不再分苗。营养纸袋直径8～10 cm,高12～13 cm。营养纸袋可以用一面开口的饮料易拉罐卷纸装土,或用糊好的纸袋装营养土,营养土装满压实,纸袋相互靠紧,不留缝隙。也可以采购专用的基质用穴盘育苗。

2.播种

茄子种子发芽缓慢,用恒温箱催芽效果不佳。先用温水浸种,水温至常温后再浸泡24 h,然后变温处理(30 ℃下8 h,20 ℃下16 h)3～5 d,使发芽齐而壮。也可以用1 000～2 000 mg/kg赤霉素液浸种12 h,然后在25 ℃恒温下催芽。播种时苗床灌透水,入渗后均匀撒播,覆盖1.0～1.5 cm细沙土或药土。营养纸袋育苗可以先播种后灌水,播种完成后在苗床上覆盖地膜保温、保湿。有鼠害、虫害的温棚应撒药防治。

3.苗床管理

播种后前三天苗床温度为32 ℃,以后保持在25～27 ℃,苗齐后夜间床土温度不低于19 ℃。出苗后注意通风,保持相对湿度70%,有充足的光照,培育壮苗,提高长柱花比例。幼苗3～4叶时分苗,如果用10 cm×10 cm方格育苗,或营养纸袋育苗则不必分苗。分苗时苗床灌透水,起苗时多带根系,按8 cm×10 cm见方距离栽植。分苗后灌水,覆盖薄膜、草帘,防止日晒萎蔫。在9:00—11:00、15:00—18:00揭开草帘补充光照,11:00—15:00盖帘,棚内温度为25～28 ℃,缓苗期间不通风。缓苗后棚内温度保持在20～25 ℃,逐步加强通风,苗床干燥时灌水并中耕,可以轻施氮肥,或叶面喷施0.2%～0.3%尿素与0.2%～0.3%磷酸二氢钾混合液。定植前10 d灌1次水,揭开棚膜通风炼苗,苗床干湿适宜时,进行切苗、囤苗。

(二)土地准备

茄子有较高的天然异交率,品种间隔离250～300 m。选择有灌溉条件,光照、热量充足,肥沃,与茄科作物轮作2～3年的壤土地作制种田。制种田深翻,重施底肥,增施磷钾肥。施入腐熟有机肥45～60 t/hm^2,磷酸二铵375 kg/hm^2,钾肥150 kg/hm^2。

(三)定植

露地在5月上中旬晚霜结束后定植,大棚等保护地栽培,可提早到4月中旬定植。采用高垄(或小畦)栽培,垄高20～25 cm,垄宽40～45 cm,垄底宽60 cm,垄沟宽40 cm。做垄要求"垄直、垄面平、呈梯形",每垄定植2行,行距40 cm,株距35～40 cm,种植密度根据品种特性、栽培方法、土壤肥力等决定,一般2.25万～3.75万株/hm^2,结合定植第一次去杂去劣。

(四)田间管理

定植后连续灌2次缓苗水后,及时中耕、培土、蹲苗。"门茄"开花坐果后结束蹲苗,进行第二次清杂去劣。结合灌水施尿素225 kg/hm^2,在"对茄"膨大期施多元复合肥300 kg/hm^2,尿素 150 kg/hm^2，在果实成熟期可再追施一次肥料，促进果实膨大和种子成熟。应“重施底肥、稳施花肥、重施果肥”。水分供应是提高茄子制种产量的关键，生长后期处在高温干旱季节，更应注意灌水。坚持浅灌、快速、凉水灌溉，即：灌水不能超过垄高的 2/3～3/4，灌后即干，田间积水时间要短；清晨或晚上气温、土温下降，水凉时灌溉，防止病害发生。灌水后中耕除草，后期摘除下部老叶。茄子病害主要有绵疫病和黄萎病，要提前预防。盛果期用 72%克露 600～800 倍液，或 72%普力克水剂 800 倍液，或 80%大生 500 倍液。每 7～10 d 喷 1 次药防治绵疫病，共 2～3 次。预防黄萎病主要是与 3～5 年未种过茄子的田块轮作。虫害主要有蚜虫和红蜘蛛，防治方法参照番茄制种。

（五）选留种果

茄子常用“对茄”“四门斗”“八面风”留种，长势弱的种株可疏除部分“四门斗”果实，或只用“对茄”留种。门茄和门茄下的侧枝尽早摘除。高部位果实不能成熟，即使老熟种子质量也差，不宜留种。长茄品种可以留 8～12 个种果，圆茄及大果型品种留 2～4 个种果。坐果后，在上部留 2～3 片叶摘心，摘除全部非留种嫩果、花朵、植株下部发黄老叶及无用小枝，使养分集中供给种果生长。

（六）收获留种

茄子种子发育较慢，开花后 60 d 种子完全成熟。当种果充分老熟，果皮呈黄褐色（有些品种不转色或转色慢，依授粉天数确定），是采收种果的最佳时期。种果采收后，在阴凉、干燥、通风的地方后熟 7～10 d。种株中途死亡而提前采收的种果，后熟效果更加显著。取籽时发现烂果，把果实腐烂部分切掉。种子清洗时去掉浮在水面上的秕籽和杂质，再放在凉席或晒布上摊开晾晒，忌见铁器。水分下降到手握成团，松手即将散开时可以晒种。每 1～2 h 翻动 1 次。水分＜8%即可精选入库，制种产量 600～900 kg/hm^2。

四、番茄田间试验记载标准

（一）生育期

（1）播种期　实际播种日期（月/日，下同）。

（2）移植期　实际移植日期。

（3）生长势　幼苗期、盛花期、盛果期分别调查，分强、中、弱三级。

（4）出苗期　50%以上子叶出土的日期。

（5）生长类型　有限生长、无限生长。

（6）第一花序节位　连续调查 10 株生长正常的植株，取平均值，以植物生态学上的节表示。

（7）第一花序坐果率　连续调查 20 株生长正常的植株，取平均值，坐果率＝结果数/开花花数×100%。

（8）开花期　30%以上植株开花的日期。

（9）始收期　30%以上植株果实成熟采收的日期，以始红熟果为标准。

（10）盛收期　50%以上植株果实采收的日期。

（11）末收期　最后一次果实采收的日期。

(12)全生育期　从播种至末收的天数。

(二)形态特征

(1)坐果率　单株成果数占开花数的百分比,连续调查10株生长正常的植株,求百分比。

(2)单果重　盛收期每品种同时选择20个有代表性的果实来测定单果重,取平均值,以g表示。

(3)果大小　单果重小于80 g的为小果,80～150 g为中果,150 g以上为大果。

(4)果形　分扁圆(果实长/果实宽为0.95以下);近圆(果实长/果实宽为0.95～0.98);圆(果实长/果实宽为0.99～1.1);高圆(果实长/果实宽为1.1～1.3);梨形(果实长/果实宽为1.4以上)。

(5)熟果颜色　分为粉红、鲜红、深红、黄色4种。

(6)转色　分均匀、不均匀两种。

(7)绿肩　分有、无两种。

(8)裂果情况　收获全期调查裂果重量、个数和严重程度。裂果类型分环裂、纵裂、纵环裂。裂果严重程度分重裂(果肉完全暴露,无商品价值)、轻裂(果面有小而浅的裂隙,尚可食用)。

(9)果面特征　调查测单果重的果实,分光滑、微沟、棱沟。

(三)生物学特性

(1)前期产量　是指以对照品种作为计算标准,从对照种始收当日起计20 d内所采收产量总和,折算成每公顷产量,以kg表示。

(2)总产量　从始收至末收的产量总和,折算成每公顷产量,以kg表示。

(3)畸形果　生长发育不正常,不具商品价值的果为畸形果。

(4)商品率　商品率=(总产量－畸形果和裂果重量总和)/总产量×100%。

(四)耐热性、耐寒性、耐涝性及耐旱性

记载特殊天气的情况及持续天数。分强、中、弱三级。

强:受害后生长正常。

中:受害后生长受阻,对产量有一定影响。

弱:受害后生长不良,产量明显降低。

(五)感观品质

满分100分,其中外观品质占60%,食味品质占40%。分4级:评分≥85分为优;75≤评分<85分为良;60≤评分<75分为中;评分<60分为差。

(六)指定的测试机构测定项目

(1)品质　理化品质,主要测定总酸、总糖(糖酸比)、维生素C、番茄红素等含量;感官品质。

(2)抗病性　主要鉴定对病毒病、青枯病等病害抗性。

五、番茄的主要性状

番茄相对性状的显性、隐性遗传规律

亲本的相对性状	F_1 的性状表现(显性)
植株直立性×非直立性	非直立性
植株矮生性×蔓性(高性)	蔓性(高性)
有限生长×无限生长	无限生长
薯叶形×普通叶形	普通叶形
紫色茎×绿色茎	紫色茎
小叶不分裂×分裂	小叶分裂
花序非总状×总状花序	总状花序
复花×单花	近于单花
黄果×红果	红果
橘黄色×红色	红色
粉红色×红色	红色
黄色×粉红色	粉红色
黄果皮×透明果皮	黄果皮
小果×大果	中等或近于小果(1)
果实无棱褶×有棱褶	接近无棱褶
圆果×扁果	圆果
卵形果×扁果	圆果
少心室×多心室	近少心室
多种子×少种子	近多种子
多肉×少肉	中等
早熟×晚熟	中间偏早熟(1)
抗病×不抗病	多数抗病(2)
幼果绿色×幼果淡绿色	绿色
绿色果肩×着色一致	绿色果肩
茎光滑×茎有茸毛	茎光滑
正常育性×雄性不育	正常育性

注:1.倾向某一亲本的程度因具体组合而异;2.倾向某一亲本的程度因具体组合而异,并因病害种类而异。

【课外阅读】

1.参阅相关资料,了解国内外不同类型番茄种子生产方法。

2.参阅相关资料,了解番茄健康种子生产现状。

【课后作业】

1.分别研究制定不同类型番茄种子生产技术规程。

2.调查影响当地番茄杂交种子生产效益的原因,并提出可行的改进建议。

3.研究制定番茄种子生产提高产量的途径。

【实训工作过程作业记录单】

<table>
<tr><td colspan="9">番茄制种亲本发放单</td></tr>
<tr><td>编号</td><td colspan="3"></td><td>制种地点</td><td colspan="4"></td></tr>
<tr><td>序号</td><td>品种(代号)</td><td>地号</td><td>面积(hm^2)</td><td colspan="3">原种数量(kg)</td><td>户主签名</td><td>备注</td></tr>
<tr><td rowspan="2"></td><td rowspan="2"></td><td rowspan="2"></td><td rowspan="2"></td><td>父本</td><td colspan="2"></td><td rowspan="2"></td><td rowspan="2"></td></tr>
<tr><td>母本</td><td colspan="2"></td></tr>
<tr><td colspan="9">填表人　　　　　　　　　　　　　　　　　年　　月　　日</td></tr>
<tr><td colspan="9">番茄制种田间管理档案记载表</td></tr>
<tr><td>合同户编号</td><td colspan="3"></td><td colspan="2">户主姓名</td><td colspan="3"></td></tr>
<tr><td>地块名称(编号)</td><td colspan="3"></td><td colspan="2">制种面积(hm^2)</td><td colspan="3"></td></tr>
<tr><td>育苗基质</td><td>种类</td><td></td><td>配比</td><td></td><td>用量(kg)</td><td colspan="3"></td></tr>
<tr><td>穴盘</td><td>规格</td><td></td><td>数量</td><td></td><td>育苗场地</td><td colspan="3"></td></tr>
<tr><td>种子处理</td><td>日期</td><td></td><td>药剂</td><td></td><td>方法</td><td colspan="3"></td></tr>
<tr><td>父本</td><td>播期</td><td></td><td>播量(kg)</td><td></td><td rowspan="2">配比</td><td colspan="3"></td></tr>
<tr><td>母本</td><td>播期</td><td></td><td>播量(kg)</td><td></td><td colspan="3"></td></tr>
<tr><td>父本出苗期</td><td></td><td>幼苗特征</td><td colspan="3"></td><td>出苗率(%)</td><td colspan="2"></td></tr>
<tr><td>母本出苗期</td><td></td><td>幼苗特征</td><td colspan="3"></td><td>出苗率(%)</td><td colspan="2"></td></tr>
<tr><td>定植整地</td><td>日期</td><td></td><td>行距(cm)</td><td colspan="2"></td><td>隔离距离(m)</td><td colspan="2"></td></tr>
<tr><td>基肥施用</td><td>种类</td><td colspan="2"></td><td>数量(kg/hm^2)</td><td colspan="4"></td></tr>
<tr><td>搭架</td><td>时间</td><td colspan="2"></td><td>类型</td><td colspan="4"></td></tr>
<tr><td>整枝</td><td>时间</td><td colspan="2"></td><td>方式</td><td colspan="4"></td></tr>
<tr><td rowspan="3">追肥</td><td>日期</td><td></td><td>种类</td><td colspan="2"></td><td>施肥量(kg/hm^2)</td><td colspan="2"></td></tr>
<tr><td>日期</td><td></td><td>种类</td><td colspan="2"></td><td>施肥量(kg/hm^2)</td><td colspan="2"></td></tr>
<tr><td>日期</td><td></td><td>种类</td><td colspan="2"></td><td>施肥量(kg/hm^2)</td><td colspan="2"></td></tr>
</table>

灌溉	日期				灌量(m^3)			
	日期				灌量(m^3)			
	日期				灌量(m^3)			
	日期				灌量(m^3)			
病虫害防治	种类		防治方法					
	种类		防治方法					
	种类		防治方法					
	种类		防治方法					
授粉时间				单株留果数(个)				
父本砍除情况	日期			处理方式				
估产	日期			产量(kg)				
果实采收	日期			打籽时间				
发酵	日期		时长		种子清洗日期			
种子消毒	日期		药品		消毒时间			
种子晾晒	日期		清选日期			实际产量(kg)		
番茄制种去杂去劣档案记载表								
检验时期	母本				父本			
	被检株数	杂株数	纯度(%)	出现的问题及解决措施	被检株数	杂株数	纯度(%)	出现的问题及解决措施
苗期								
授粉前								
坐果期								
采收期								
检验人			制种人			年　月　日		
种子检验收购档案记载表								
种子质量检验结果	发芽率(%)		水分(%)		净度(%)		纯度(%)	
种子收购	日期		重量(kg)		单价(元)		总价(元)	

项目三

豇豆、菜豆种子生产

豇豆适应性强，栽培范围广，是我国夏秋季节的主要蔬菜之一。我国是豇豆次生起源中心，豇豆栽培历史悠久，品种资源丰富，在育种方面成果显著。目前，种子生产主要是常规种子，生产技术成熟，产量稳定，效益好。

【知识目标】

1. 熟知豇豆形态特征与生长发育规律。
2. 掌握豇豆生长发育周期及对环境条件的要求。
3. 掌握豇豆制种基地的选择、落实的方法。
4. 熟知豇豆种子生产一般过程及技术要求。
5. 熟知豇豆种子质量要求及防杂保纯的方法。
6. 知道豇豆种子生产过程中工作质量检查的时期、内容和要求。

【技能目标】

1. 能够依据制种计划选择、落实制种基地，与农户签定制种合同，及时准确发放亲本种子。
2. 学会豇豆种子生产播前准备、播种、定苗、搭架引蔓、水肥管理、病虫害防治等田间管理工作，并能监督和指导农户做好种荚采收、种子脱粒和晾晒等工作。
3. 能准确识别豇豆的生长势类型、抗病性及株型、结果习性等品种间特征特性的差异，能在制种工作中合理安排、管理，并能准确地去杂去劣，保证制种豇豆的产量和质量。

【素质目标】

1. 热爱“三农”，助力乡村振兴：通过豇豆、菜豆种子生产学习、实践，培养学生的“三农”情怀，践行“五爱”，具备艰苦奋斗、吃苦耐劳、乐业奉献的“种子精神”，助力区域乡村振兴。
2. 质量意识、劳动精神培养：通过项目实施，理实一体，边干边学，培养学生具有质量意识、环保意识、安全意识和创新思维，具备乐于奉献、艰苦奋斗、吃苦耐劳的精神；树立和弘扬劳动精神，具有精益求精的工匠精神。
3. 可持续发展能力及知识综合应用能力：通过课前、课中、课后学习活动培养学生具有探究学习、终身学习和可持续发展的能力，具有整合知识和综合运用知识发现问题、分析问题和解决问题的能力。

4.信息化应用能力培养：通过学习在线开放课程并发表评论，让学生掌握获取学习资源的途径，具备沟通协作能力和一定的信息素养及自主学习能力。

任务一　播前准备与播种

一、工作任务与要求

微课　豇豆种子生产技术

按照公司制种计划落实制种基地，并与制种农户签订制种合同，依据农户制种面积计算、领取和发放亲本种子，并按要求对亲本种子进行封样。依据豇豆制种栽培对土地的要求进行土地准备和播种，包括确定施用基肥的种类和数量，以及施肥的方法等；按要求平整土地，根据制种品种特点确定行距的大小，确定播前水的灌溉定额并组织农户按要求覆膜，根据气候条件和土壤墒情进行播种，组织农户事先对亲本种子进行粒选和消毒处理，确定适宜的播种时间并组织制种农户及时播种，保证一播全苗。

二、工作程序与方法

选地整地	**选地**：选择制种基地时宜选择豇豆开花结荚期以晴朗天气为主的地区，并选择地势高、土壤深厚、排灌方便、排水良好的地块，前茬以小麦、玉米等为好，集中连片，和豆类蔬菜轮作至少2年以上。避免选择重茬和盐碱地、土质黏重的地块。豇豆是闭花授粉作物，天然杂交率＜2%。但是，为防止串花，保证种子纯度，制种时不同世代、不同品种间仍要进行严格隔离，原原种、原种制种应与邻近豇豆生产田块空间隔离100 m以上，良种制种应与生产田块空间隔离50 m以上。 **施肥**：耕地前根据土壤肥力情况进行配方施肥，秋季整地前撒施二铵或复合肥150～175 kg/hm^2 做基肥，或施农家肥30～45 t/hm^2，深耕冻垡。 **耙地起垄**：深耕20 cm以上，耙细整平，整地质量要求达到“齐、平、净、松、碎、墒”六字标准为宜。按60～70 cm宽的垄间距起垄，垄宽1.4 m、沟宽0.3 m，畦面略呈龟背形，以利排灌。起垄前在垄下带状施入硫酸钾复合肥450 kg/hm^2。按要求耕地起垄，技术人员做好指导和检查工作。 **土壤处理**：播前使用48%氟乐灵乳油1.2～1.5 kg/hm^2，兑水450～600 kg均匀喷洒地面，喷后及时耙耱，使药剂与土壤充分混合，可有效防止苗期稗草等杂草为害。
亲本种子准备	豇豆制种亲本种子必须是具备原品种(系)特征特性、纯度不低于99.7%、发芽率不低于90%的国标一级的亲本种子。按要求发放到制种农户手中。
灌水覆膜	**灌水**：为保证足墒播种，播前3～7 d顺垄沟浇1次透水，待地面稍干后播种。 **覆膜**：灌水后覆盖地膜，选择宽幅为70 cm的地膜，以利保墒、增温、抑制杂草生长。在播种带上喷洒晶体敌百虫，以防地下害虫。清除播种带上的土块、残留杂草及硬性根茎等，然后覆膜。覆膜要求平展，松紧适度，两侧压实压紧。

续表

播种	**播种时间：**一般当土壤 10 cm 深的土温稳定在 10 ℃以上时即可播种。根据多年经验，新疆各地区的最佳播期在 4 月下旬至 5 月上旬。 **种子处理：**督促制种农户在播种前将亲本种子进行粒选，去除杂粒、瘪籽，并进行种子消毒处理。 **播种：**一般采用露地直播方式，个别地区也有育苗移栽的方式。播种采用 70 cm 膜机械点播或条播，也有先铺膜后人工点播的方法，不过此方法耗费人力太大，只适于小面积种植。直播方式播种时将种子播在半高垄两侧 1/2 处（水线处），穴距 20～25 cm，每穴播 3～4 粒种子，播种深度 2～3 cm。播种后用潮湿土及时覆土。播种量 30～37.5 kg/hm²，人工点播可减少用种量。

三、常见技术问题处理

豇豆如何育苗？

为提高种子的产量也可以提前育苗，育苗可将豇豆的生育期提前 10～15d，促进豇豆的生殖生长，增加花序数和结荚数，提高种子的产量。

育苗可采用塑料苗钵、纸钵或穴盘，有利于保护根系，减少伤根、断根。营养土采用 4 份腐熟的有机肥、6 份田园土捣碎过筛掺匀后配成。定植的苗龄 15～20 d 最适宜。定植的标准壮苗应该是第 1 片真叶展开、第 2 片真叶初现。定植的深度以不埋没子叶为准。行距 60 cm，株距 30 cm，每穴栽 2 株。

任务二　苗期、伸蔓期管理

微课　豇豆种子生产去杂去劣技术

一、工作任务与要求

豇豆的花芽分化在苗期进行，幼苗健壮利于提高雌花分化的质量，减少落蕾落花，利于坐荚。当幼苗长到 3～4 片真叶时，技术管理人员要组织农户及时定苗，指导农户结合定苗去杂，首次将杂株和病弱苗剔除，督促农户及时中耕松土，提高地温，清理田间杂草，抽蔓时依品种要求搭架引蔓，结合整枝工作做好去杂去劣和病虫害防治工作。在工作中培养学生吃苦耐劳、科学严谨、精益求精的工作态度。

二、工作程序与方法

查苗定苗	播后 7～10 d 可出齐苗，幼苗长至 2～3 片真叶时及时查苗，淘汰病弱小苗和非典型苗，发现弱苗及时拔除，保证每穴有 2～3 株正常苗。补种时宜浇暗水，即在补种时先挖穴浇水，待水渗入时补种、覆土。
病虫害防治	采用亲自下地调查或询问制种农户的方法及时了解制种田病虫害发生、发展情况，发现病虫中心株及时拔除，带出田地深埋销毁。及时进行病虫害防治。

续表

中耕除草	播种至出苗前，如遇到阴雨天气造成土壤板结，要及时中耕，以利于增温和消灭杂草，并可促进早出苗，培育壮苗。苗出齐后趁墒中耕，结合中耕向植株培土，促苗生长，中耕、松土还可以提高土温，保持土壤墒情和改善土壤的透气性，为根系扩展及根瘤菌活动提供良好的条件。抽蔓前再中耕 1 次。一般在支架前要进行 2～3 次中耕为宜，深度 15 cm 左右，利于植株根系下扎，根瘤菌生长。抽蔓后不再中耕，随时拔除杂草，利于通风透光。
搭架引蔓	**搭架：**蔓生豇豆播后 35～40 d 抽蔓，在主蔓长至 5～6 叶或 30 cm 左右时要及时搭架引蔓，矮生品种无需搭架。搭架时多采用“人”字形架，不易倾斜倒地，通风透光效果也较好，个别地区也采用三脚架，架高应在 2 m 以上。一般用竹竿（或木杆），需提前做好准备。结合灌水，在地面湿润时将架插好，并在距离地面 1.8 m 处用结实的布条和尼龙绳捆扎，注意尽量不要使用塑料绳等易老化断裂的材料，以免散架。 **引蔓：**蔓生豇豆在搭架后应进行一次人工引蔓，选晴天上午或阴天露水干后逆时针方向引蔓，此时茎叶组织水分较少，不易受伤受损，使茎蔓均匀分布在架上，沿架竿缠绕向上生长，防止互相缠绕，茎叶重叠，透光不良，影响结果（图 3-1）。  **图 3-1　搭架及人工引蔓**
水肥管理	**灌溉：**按照豇豆栽培技术要求，实施沟灌。苗期浇水次数、时间以土质、幼苗生长情况及气温而定，苗期在保持土壤一定湿度的情况下，应适当控水蹲苗，以利幼苗扎根。蹲苗至第一花序开花坐荚时浇 1 次足水，以后停止中耕，以免伤根。 **追肥：**抽蔓时即可开沟追肥，施尿素 150 kg/hm^2。8 月中旬结合第 2 水施尿素 225 kg/hm^2。
整枝	为了调节豇豆生长发育之间的矛盾，减少营养消耗，以利于开花结荚，需要对豇豆进行整枝。第一花序以下侧枝长到 3 cm 长时，应及时摘除，以保证主蔓粗壮。主蔓第一花序以上各节位的侧枝留 2～3 片叶后摘心，促进侧枝上形成第一花序。当主蔓长到 15～20 节、达到 2～2.3 m 高时，剪去顶部，促进下部侧枝花芽形成。
去杂去劣	直播豇豆结合间定苗、引蔓工作，将叶色、叶形、株型、初花节位等与亲本特性不相符的杂株和病株拔除，仔细选留具有品种特征且叶大、色绿、节间短、生长势健壮的苗。育苗豇豆结合定植进行去杂去劣。

三、常见技术问题处理

膜下点播幼苗出现烧苗情况如何解决？

播后 7～10 d 可出齐苗，其间要特别注意破膜引苗，防止幼苗在膜下被灼伤或烧死。破膜引苗工作宜在早、晚进行，并用细土封严出苗口。查苗工作要及时，补种时要认清品种，用同一批次种子补种，并及时定苗，结合定苗去杂去劣。中耕应遵循先浅后深的原则，注意保护豇豆根系。

任务三　开花结荚期管理

一、工作任务与要求

指导农户在初花期与结荚期根据花色、果荚等性状去杂去劣，保证种子纯度。并根据情况开展水肥管理，提高坐荚率，做好病虫害防治，为丰产打下基础。在工作中培养学生细致的观察能力，科学严谨、精益求精的工作态度，并能根据豇豆长势及时开展田间管理工作，掌握扎实的专业技能。

二、工作程序与方法

去杂	**去杂**：开花期根据花的颜色和植株生长习性进行去杂去劣，淘汰不符合品种特征特性的植株和病虫株。结荚期根据荚的性状选留生长势强、着花节位低、果荚长而整齐、无病虫为害、性状符合本品种特征特性的植株。拔除杂株和劣株。 此时茎蔓缠绕在架杆上不易区别，当发现花的颜色和植株生长习性不符合品种特性的植株时，顺着茎蔓由上向下直达茎蔓基部，之后将杂株根系拔起即可，植株自然干枯死亡，不必将其从架杆上去除。
水肥管理	**浇水**：抽蔓时浇1次水后进行蹲苗，不再浇水。只有在墒情不足、过于干旱或植株生长细弱时，补浇小水。结荚前，要控制水肥，防徒长。第1花穗凋谢，结荚以后要促进结荚和籽粒发育，防止早衰，因此肥水管理要以促为主。进入结荚盛期要保持土壤湿润，每隔7～10 d浇1次水，使土壤水分稳定在田间持水量的60%～70%。 **追肥**：在植株开花结荚后将氮、磷、钾肥料适量配合追肥，每浇2次水结合追肥1次，追施1次磷酸二铵225～300 kg/hm^2，还可用0.2%的磷酸二氢钾进行叶面喷施，以提高籽粒饱满度和产量，采收盛期后易出现“伏歇”早衰现象，可于花荚期追施尿素75 kg/hm^2，以延缓衰老，提高后期产量。
病虫害防治	**病虫害防治**：豌豆象成虫在豇豆鲜荚上产卵，对后续的种子贮藏造成危害。因此可在植株开花前和开花后用80%敌百虫可湿性粉剂800倍液喷雾防治。

三、常见技术问题处理

1. 豇豆落花落荚的原因及预防措施？

(1)落花落荚的原因

①温度异常　开花期白天温度高于35 ℃和低于10 ℃，花器生理机能失调，降低花粉生活力，造成落花落荚。豇豆开花结荚期如果夜温高于30 ℃，会妨碍植株的同化作用，使植株的呼吸增强而生长衰退，也会造成落花落荚。

②湿度不适宜　湿度对开花结荚的影响与温度密切相关，在较低温度下，湿度的影响较小，而高温下则影响非常大。高温干旱条件下花粉畸形、早衰或萌发困难。高温高湿，则花粉不能正常破裂散粉，柱头黏液不足影响授粉，二者均会引起大量落花落荚。

③光照不足，通风不良　豇豆的发育对光照强度反应很敏感。尤其在花芽分化后，当光照

强度减弱时，植株同化效率降低，光合产物积累少，落花落荚增多。如种植过密或支架不当，致使植株茎叶互相遮挡、郁蔽，影响光合作用和养分积累，造成下部落花落荚增多。

④植株自身营养不足 豇豆花芽分化早，植株较早进入营养生长与生殖生长并进阶段，开花初期植株本身与花、荚争夺养分而引起落花落荚。开花中期，因开花数多，花序之间、花荚之间争夺营养激烈，造成后面花序开花结荚脱落。开花后期植株生长势变弱，同时受不良环境条件如高温、低温等的影响，植株同化效率降低，同化物质积累不足，从而造成落花落荚。

⑤施肥不当 豇豆生育早期偏施氮肥，再加上水分供应过多，易使植株徒长，引起落花落荚。生育期施肥不足，不能满足茎叶生长和开花、结荚的需要，易产生植株各部分争夺养分的现象，导致落花落荚。开花结荚期如果缺磷，就会使豇豆发育不良，减少开花和结荚数。

⑥病虫危害 菜豆枯萎病、细菌性疫病、锈病、豆荚螟等发生严重，均会导致菜豆落花落荚。

(2)预防措施

①选好品种 选择适应性广、抗性强、坐荚率高、丰产优质的品种。

②适时播种，培育壮苗 掌握适宜的播种期，以充分利用最有利于豇豆开花结荚的生长季节，促使植株生长健壮，增强其适应能力。

③精细选地，合理密植 要选择土壤疏松、土质丰富，排水良好的地块。合理密植和搭架，保持菜豆株间通风良好。

④加强肥水管理 种植地要施足基肥，坐荚前少施追肥，结荚期重施，并增施磷、钾肥。苗期控制浇水，注意中耕保墒，促进根系生长。初荚期不浇水，以免植株徒长引起落花。第1层豆荚长至半大时进入重点浇水追肥期。

⑤适时采收 适时早收嫩荚，以利后期花序和豆荚的生长生育。

⑥加强病虫害防治 采取综合防治措施，及时防治病虫害，使植株生长健壮。

2.病害种类及防治方法？

(1)豇豆斑枯病 主要侵染叶片，叶片上的病斑呈多角形至不规则形，初呈暗绿色，后渐变为紫红色，中部褪为灰白色至白色。

防治方法：清洁菜园，及时收集病残物并烧毁；发病初期使用75%百菌清可湿性粉剂800倍液，或70%甲基硫菌灵可湿性粉剂1 000倍液，或70%代森锰锌可湿性粉剂700倍液每10 d左右喷施1次，连续喷2～3次。

(2)豇豆锈病 主要侵染叶片，严重时亦为害叶柄和豆荚。发病初期，叶背产生淡黄色的小斑点，后变为锈褐色，隆起，呈小脓包状病斑。后扩大成红褐色夏孢子堆，中间为铁锈色，外有黄色晕圈，表皮破裂散出红褐色粉末。到后期，夏孢子堆即变成黑色的冬孢子堆。

防治方法：及时清除田间病残体，并集中烧毁，减少土壤带菌；合理轮作，用种子重量0.2%～0.3%的70%甲基硫菌灵进行药剂拌种；发病初期可选用65%的代森锌可湿性粉剂500倍液，或70%的甲基硫菌灵可湿性粉剂1 000倍液，或20%的三唑酮乳油2 000倍液，或25%丙环唑乳油3 000倍液等进行药剂防治。

3.潜叶蝇如何防治？

成虫体淡灰黑色，体长1.3～2.3 mm，翅长1.3～2.3 mm，足淡黄褐色，复眼酱红色。卵乳白色，2、3龄幼虫鲜黄或浅橙黄色，围蛹。幼虫潜食叶肉，形成先细后宽的蛇形弯曲或蛇形盘绕虫道，其内有交错排列整齐的黑色虫粪。虫道呈不规则线性伸展，虫道端部明显变宽，老虫道后期呈棕色的干枯斑块。

防治方法：摘除受害叶片，带出棚外深埋或烧毁，生产后期应及时拔除残株销毁，减少虫源；成虫发生盛期用糖醋液诱杀；利用黄板诱杀成虫。每公顷大棚用黄板300～450块，7～10 d更换1次板；卵盛期至孵化初期进行防治，可选用1.8%虫螨克乳油2 000倍液或10%灭蝇胺悬浮剂1 500倍液喷雾。

4. 如何确定留荚节位？

有些豇豆品种豆荚较长，而有些早熟豇豆品种的始荚节位较低，早期所结豆荚容易着地腐烂，并影响植株中上部开花结荚，因此，留种豇豆采摘以第二茬果荚留种最佳，头茬果要及时采摘以免坠秧，同时前茬留种不可过多，否则也易坠秧，影响产量，豇豆每个花序上有两对以上花芽，但通常只结一对荚，植株生长良好，营养水平高时，可使大部分花序结荚，所以采摘时不可损伤花序上其他花蕾，更不能连花序柄一起摘下，保护好花序，有利于继续开花结荚。

任务四　种 子 采 收

一、工作任务与要求

指导农户及时收获种荚，结合采收、晾晒和脱粒去除不符合品种特性的果荚、种子，并进行种子清选晾晒，及时抽检、送检，依据相关规定，及时收购，以免种子套购流失。在工作中注重培养吃苦耐劳、科学严谨、精益求精的工作态度。

二、工作程序与方法

<table>
<tr><td>采收</td><td>采收时间：当豆荚转黄，荚内种子充分成熟时，及时分期采收。待荚壁充分松软、表皮现黄萎，用手折荚果不再折断，用手按豆荚种粒能够滑动时即可采收。应在晴天进行，熟一批采一批。如采收期遇阴雨天，采收后应摊放在通风处晾干（图3-2、图3-3）。

图3-2　分批采收

图3-3　采收荚果
采收方法：种荚采收后及时置于阴凉通风处后熟7 d左右再脱粒，脱粒采用人工捶打或用豇豆脱粒机脱粒的方法，不允许采用碾压脱粒的方法，避免种子破裂。</td></tr>
<tr><td>去杂</td><td>根据老熟荚和种子性状进行选择淘汰，去除豆荚、种子颜色等不符合品种特性的单荚或种子。对采收的种子进行人工粒选，去除破种、瘪种、杂种。</td></tr>
<tr><td>晾晒清选</td><td>晾晒：晾晒种子要放置在干净的布单、席子及麻袋等物上，场所要通风，需经常翻动，晚上收起时，放在凉处，不可堆积过厚。
清选：种子晾干后精选，用簸箕、风车、筛子等工具选去秕籽、石粒、小粒后，手工剔除其中的损伤籽、霉变籽、杂物、小籽及瘪籽等，保证籽粒大小整齐和颜色一致，装袋待检。</td></tr>
</table>

续表

种子处理	种子采收后半个月内种子里的豆象幼虫还没有发育为成虫，应及时进行防治。收获籽粒晒干后，用敌百虫拌种。入库前可用0.1%～0.2%的敌百虫喷雾，密闭72 h后通风24 h对仓库进行消毒，也可用磷化铝对仓库密闭熏蒸15 d，通风24 h后才可以将种子放入。待种子含水量达到要求(8%以下)后入库保存，并注意保持阴凉干燥和防虫防鼠。
装袋待检	将清选干净的种子存放在麻袋、布袋或编织袋内，同时在每一包装袋内外均放置标牌，写明品种、袋号、产地、户名、数量、年份，扎紧扎牢袋口，将种子袋放在干燥、无污染、无虫鼠害的地方，不同品种要单装、单收，经常查看，防止种子混杂、霉变。
取样报检	制种户的全部种子扦取样品，为确保公平应一式三份，即制收种双方各密封保存样品一份，上交种子管理部门鉴定一份，编号报检。
检验	豇豆种子室内鉴定包括种子纯度、净度、发芽率、水分检验。国家种子质量标准规定，豇豆原种纯度不低于99.9%，良种种子纯度不低于97%，净度均为不低于99%，发芽率不低于85%，水分不高于12%。
收购包装	对检验合格的种子要及时组织农户进行定量包装并交售。按照种子管理规程和本公司要求统一进行包装、销售。

三、常见技术问题处理

制种田早衰植株如何管理？

对植株长势弱、有早衰症状的豇豆植株要及时进行磷酸二氢钾叶面追肥，以促生长，提高产量。

【理论基础】

微课：豇豆形态特征及品种类型

一、形态特征与生长发育规律

豇豆，别名长豆角、带豆。豆科豇豆属一年生缠绕性草本植物，起源于非洲，多样性中心在尼日利亚，传到印度后，形成短荚豇豆种，在东南亚等地形成长豇豆亚种，为我国夏季蔬菜主要类型之一，我国普遍种植。可鲜食亦可加工。以嫩荚为产品，营养丰富，茎叶是优质饲料，也可作绿肥。其豆、叶、根和果皮均可入药。嫩荚、种子供应期长，播种面积大，播种量15～22.5 kg/hm^2，用种需求量大，而繁殖系数较小，每年需要大量制种。

(一)根

豇豆属深根性植物，主根可深入土层60～100 cm，群根多分布在15～25 cm的土层内，根系较发达，较耐干旱，根瘤较少。根系木栓化较早，再生能力弱。

(二)茎

茎具有蔓生、半蔓生和矮生3种类型，无毛，蔓生种茎蔓呈左旋性缠绕，分枝能力强，植株较茂盛，株高可达2 m以上，需搭架栽培，茎蔓能自行在架上缠绕生长(图3-4)。矮生种茎秆直立，分枝较多，株高40～50 cm，不需要搭架(图3-5)。

图 3-4 蔓生豇豆的缠绕茎

图 3-5 矮生豇豆的直立茎

(三)叶

子叶两片，出土，椭圆形。基生叶单叶，对生，第 3 片真叶以上为三出羽状复叶，互生。顶生小叶菱状卵形，顶端急尖，基部近圆形或宽楔形，侧生小叶斜卵形；托叶卵形，叶基部下延成一段距(图 3-6、图 3-7)。

图 3-6 戟形叶

图 3-7 三角形叶

动画：豇豆开花结果过程

(四)花

蝶形花，花冠颜色为紫至蓝紫(图 3-8)或乳白至淡黄(图 3-9)，总状花序，花序发生于叶腋或茎的顶端，花序柄长 10～16 cm，每序有花 3～5 对，成对着生，通常只有 1～2 对花能开放、结荚。少数花序在营养充足、环境条件优良的情况下也可能有 2～3 对花开放、结荚。第一花序着生的节位因品种而异。一般早熟品种主蔓多在第 3～5 节着生第一花序，晚熟品种多在第 7～9 节着生，侧蔓一般于第 1～2 节便能抽生花序。花为完全花，雌雄同花，自花授粉，当花朵开放时已经完成授粉。

图 3-8 豇豆花——紫色

图 3-9 豇豆花——白色

全株开花时间 20～30 d，始花后的第二周为盛花期，第三周转入谢花期。豇豆一般在夜间和早晨开花，开花时，旗瓣和翼瓣的绿色褪却，龙骨瓣则由绿色变成乳白色，然后，雄蕊破龙骨瓣外露，即完成自花授粉。开花当天午后旗瓣闭合，整个花冠呈萎蔫状态，颜色逐渐变深，而后花柱也萎蔫，受精的子房伸长，即为坐荚。豇豆开花是由下而上，由起点到端部顺序开放。就一个花序来看，往往第一花已形成果实后，第二花才开始开花结实。

（五）果实

荚果线形、圆柱形或扁圆柱形，全直或稍弯曲。每花序结荚 2～4 个，因品种而异，荚长 30～90 cm，嫩荚绿、淡绿、紫红或紫红花斑等，成熟时黄白至黄褐色。在高温、干旱或营养不良条件下栽培时，豆荚纤维增多，品质恶化。每荚有种子 10～20 粒（图 3-10）。一般开花后 15 d 左右果荚的豆粒鼓起，15～18 d 有的种子就有发芽能力，35 d 以上种子达到生理成熟。

（六）种子

种子为肾形、椭圆形和圆形，种皮颜色有黑色、淡棕色、棕色和花斑等，种皮色泽深浅与花色有密切关系，花蓝紫色品种，种皮颜色较深，白花品种种皮多为浅色。千粒重 120～150 g。种子寿命 2～3 年，生产中多用第一年的新种子。种皮薄，浸种时易破裂而受损伤，故不提倡播前浸种（图 3-11）。

图 3-10 豇豆荚果

图 3-11 豇豆的种子

微课：豇豆生长发育周期及对环境条件的要求

二、生长发育周期

豇豆生育期的长短因品种、栽培地区和季节不同差异较大，蔓生品种一般为 120～150 d，矮生品种 90～100 d，可划分为发芽期、幼苗期、抽蔓期、开花结荚期 4 个时期，各时期具有不同的生长发育特点。

（一）发芽期

从种子萌动到第一对真叶出现，需 10～14 d。随着种子的发育，幼根先伸长，接着幼芽显现，下胚轴伸长下扎直至幼苗出土，真叶展开。整个过程经历了从依靠种子自身养分到幼苗能够制造养分的过程（图 3-12）。

（二）幼苗期

从第一对真叶出现到有 4～5 片真叶展开，需 20～25 d。第一对真叶健全可以促进初期根群发展和顶芽生长。幼苗末期开始花芽分化（图 3-13）。

图 3-12 发芽期

图 3-13 幼苗期

（三）抽蔓期

从 4～5 片真叶展开到开花，需 10～15 d。此期茎叶生长迅速，花芽不断分化发育，根瘤的固氮作用越来越强。此期节间伸长，蔓生品种植株由直立生长转为缠绕生长，花芽陆续分化、发育（图 3-14）。

（四）开花结荚期

从开花到采收结束。矮生种一般播种后 30～40 d 便进入开花结荚期，历时 20～30 d；蔓生种一般播种后 50～70 d 进入开花结荚期，历时 45～70 d（图 3-15）。

图 3-14 抽蔓期

图 3-15 开花结荚

三、对环境条件的要求

豇豆生长最适宜的气候条件是温度较高、日照充足的气候条件。

（一）温度

豇豆是耐热性蔬菜，不耐霜冻。种子发芽最低温度是 10～12 ℃，发芽适温为 25～30 ℃，植株生育适温为 20～28 ℃，开花结荚适温为 25～28 ℃，35 ℃高温仍能正常结荚。不耐低温，15 ℃左右生长缓慢，10 ℃以下生长受抑制，5 ℃以下受寒害。

（二）光照

豇豆多数品种属于中光性植物，对日照要求不严格。喜光但也有一定耐阴性，开花结荚期间要求日照充足，光照弱时会引起落花落荚。有的品种在短日照条件下能降低第 1 花序节位，开花结荚提前，而在北方春季长日照条件下，不能正常开花结荚，引种时应注意品种来源。

（三）水分

对水分要求适中，耐旱力较强，不耐涝，适宜的土壤湿度和空气相对湿度为 60%～70%。

播种后土壤过湿易烂籽。开花结荚期要求适当的空气湿度和土壤湿度，过湿过干都易引起落花落荚，对产量及品质影响很大。

（四）土壤营养条件

对土壤的适应性广，以富含有机质、疏松透气的壤土为宜，黏重和低洼湿地不利于根系和根瘤的发育。需肥量较其他豆类作物要多，形成 1 000 kg 产品需氮 12.16 kg、磷 2.53 kg 和钾 8.75 kg，其中所需氮仅 4.05kg 来自土壤。苗期需要一定量的氮肥，但应配合施用磷钾肥，防止茎叶徒长，延迟开花。伸蔓期和初花期一般不施氮肥。开花结荚期要求水肥充足，此期增施磷钾肥有助于促进植株生长和提高豆荚及种子的产量和品质。

四、豇豆的品种类型

豇豆依茎的生长习性可分为蔓生、半蔓生和矮生型 3 种，以蔓生型豇豆为主。按荚果的长短分为 3 类，即长豇豆、普通豇豆和饭豇豆。按食用部位分食荚（软荚）和食豆粒（硬荚）2 类，菜用豇豆的嫩荚肉质肥厚、脆嫩，又分为长豇豆和矮豇豆。食豆粒豇豆又叫粮用豇豆，豆荚皮薄，纤维多而硬，食用性差，种子做粮食或饲料。

（一）蔓生型

主蔓侧蔓均为无限生长，主蔓高达 3～5 m，具左旋性，栽培时需设支架。叶腋间可抽生侧枝和花序，陆续开花结荚，豆荚长 30～90 cm，荚壁纤维少，种子部位较膨胀而质柔嫩，生长期长，产量高。如早熟品种有红嘴雁、之豇 28-2、之豇特早 30 等。

（二）矮生型

主茎 4～8 节后以花芽封顶，茎直立，分枝较多，植株矮小，株高 40～50 cm，荚长 30～50 cm，鲜荚嫩，成熟坚硬，扁圆形，种子部位鼓胀不明显，鲜荚做菜或种粒做粮食。生长期较短，成熟早，收获期短而集中，产量较低。如五月鲜、美国无支架豇豆、安徽月月红等。

【拓展知识】

一、豆类蔬菜简介

（一）豆类蔬菜的主要类型

豆类蔬菜为豆科一年生或二年生的草本植物，豆类包括菜豆、豇豆、豌豆、蚕豆、刀豆、扁豆、大豆、藜豆、四棱豆 9 个属。豆类蔬菜营养价值高，富含蛋白质、碳水化合物、脂肪、钙、磷、铁和多种维生素。嫩豆荚和嫩豆粒味道鲜美，除供鲜食外，还可制罐和干制等。目前在新疆栽培，制种比较普遍的有菜豆、豇豆等。

（二）豆类蔬菜生物学及栽培管理共性

1. 植物学性状

豆类蔬菜均为直根系，入土深，都有不同形状和数量的共生根瘤，能固定空气中的游离氮合成氮素物质，供植物体营养并增加土壤肥力，根系木栓化程度较高，再生力弱，生产上多直播，也可育苗，但需护根措施。不同种类豆类下胚轴伸长能力有强有弱，可分为子叶出土和不出土两类。出土的有菜豆、豇豆、毛豆、扁豆等，播种时覆土不宜太深，否则不易出苗；不出土的有豌豆、蚕豆、藜豆、多花菜豆等，覆土可深些。豆类多为自花授粉，但蚕豆的异花授粉率较高。豆类根瘤能增加土壤酸性，连作病虫害重，应轮作。

2. 生长发育周期

豆类蔬菜的生育周期大致分为发芽期、幼苗期、抽蔓期和开花结果期。

(1)发芽期　播种后种子萌动到第一对真叶出现，需 10～14 d。

(2)幼苗期　从第一对真叶出现到 4～5 片真叶展平为幼苗期，需 20～25 d。

(3)抽蔓期　从 4～5 片真叶展平到开花为抽蔓期，需 10～15 d。

(4)开花结果期　从开花到采收结束，矮生种播种后 30～40 d 进入开花结荚期，历时 20～30 d；蔓生种播种后 50～70 d 进入开花结荚期，历时 45～70 d。

3. 对环境条件的要求

豆类除豌豆和蚕豆外都原产于热带，为喜温性蔬菜，它们不耐低温，宜在温暖季节栽培。豌豆、蚕豆起源于温带，属长日照植物，喜冷凉气候，较耐寒，忌高温干燥，宜在温和季节栽培。豆类属中光性作物，对日长要求不严，但苗期遇短日照能促进花芽分化。豆类根系较发达，入土较深，具一定的耐旱能力，土壤湿度过高，根瘤菌活动能力减弱。要求土壤排水和通气性良好，pH 5.5～6.7 为宜，不耐盐碱。忌连作，宜与非豆科作物实行 2～3 年轮作。豆类蔬菜均为蝶形花，多为自花授粉，留种容易。

(三)豆类蔬菜制种技术路线

豆类蔬菜种子主要是常规品种，制种主要采用“原原种—原种—良种”三代制种法，制种过程主要为：

1. 单株选择繁殖原原种

要求进行 4 次选择，苗期筛选符合本品种特性的健壮苗定植并标示；开花期根据花的颜色、植株的生长习性淘汰异品种的杂株和病株；结荚期根据荚的性状选留生长势强、始穗部位低、果荚长而整齐、无病虫为害又符合本品种特征的植株并标示；种子成熟期根据老熟荚和种子性状对当选单株进行选择。

2. 株系选择繁殖原种

从苗期、营养生长期、结荚期、种子成熟期 4 个阶段按本品种的特征特性进行株系间选择，符合品种特性、无病株杂株、整齐度一致的株系当选，对当选株系去杂去劣后混合收种。

3. 片选繁殖良种

继续将当选株系种子繁殖，在开花结荚期按品种特征特性进行一次选择，拔除病株、杂株后全部植株混合收种。

二、豇豆杂交制种技术

(一)亲本的选择

亲本选择要求遗传稳定，性状一致，品质优(目前为肉厚、不鼓籽、条顺直匀称、无鼠尾、外形美观等)，有适合的长度，抗性强，熟性(早、中、晚)符合要求，结荚能力强，产量高，同时父母本有一定的差异，性状存在互补性。

(二)去雄授粉

1.豇豆开花规律

豇豆花为蝶形花,有雄蕊10枚,雌蕊1枚。雌蕊柱头呈白色细棒状,随龙骨弯曲,上有茸毛,顶端膨大。一般雄蕊在清晨6:00—7:00即可开裂,散出花粉,开花时间是每天早晨7:00以后,12:00以前闭花,阴雨天则有延后。

2.母本去雄

母本去雄应在15:00—18:00,选第2～3 d会开的花蕾,且花蕾的位置应在4节以上、12节以下。从花蕾顶端沿腹缝自上而下剥开,将雄蕊清除干净,并进行套袋。

3.授粉

豇豆花粉寿命短,故采用当天开放的新鲜花粉或直接取父本花,在每天7:00—12:00,用镊子夹住花药,轻触雌蕊柱头即可。授好粉后重新套好袋。第2天花瓣即会脱落,若有嫩荚则授粉成功,此时可将同一花序的其他花蕾或嫩荚摘除,以保证杂交豇豆营养供应,不至于落荚,还可适当打顶,摘除侧蔓生长点。

(三)采收及选育

当种荚黄化变软即可采收,晒干剥籽,剔除瘪籽、未成熟的浅色籽,以及破伤、霉变或发芽的种子。

三、豇豆田间试验记载标准

(一)物候期

(1)播种期　实际播种的日期,以月/日表示(下同)。

(2)出苗期　50%幼苗第1对真叶平展的日期。

(3)抽蔓期　50%的植株开始抽蔓的日期。

(4)开花期　50%以上植株第1朵花开的日期。

(5)结荚期　50%的植株荚长2 cm的日期。

(6)成熟期　70%以上的豆荚变黄(褐)、籽粒变硬的日期(分期采摘记第一次收获期)。

(7)收获期　实际收获的日期。

(8)生育天数　出苗到末收期的天数。

(二)生物学特性

(1)生长习性　直立、半蔓生、蔓生。

(2)株高(半蔓生、矮生)　从地面至植株顶端的高度。

(3)茎色　开花期植株主茎中部颜色,分绿、深绿、绿紫、紫等。

(4)叶色　开花期植株中部叶片颜色,分淡绿、绿、深绿色等。

(5)小叶长　取三小叶的顶端叶,量叶枕至顶端长度。

(6)小叶宽　取三小叶的顶端叶,量小叶最宽处。

(7)花冠颜色　分浅紫色、紫色、紫红色、淡红色、白色、浅黄色、黄色、黄绿色等。旗瓣、翼瓣及龙骨瓣分别描述。

(8)始花节位　从主茎第一对真叶起至第一花序着生位置的节数。选10株取平均值。

(9)荚色　商品成熟期豆荚的颜色。分绿白、浅绿、亮绿、深绿、红、紫等。是否带各色条纹应说明。

(10)荚形　商品成熟期豆荚的形状。分长扁条形、短扁条形、长圆条形、短圆条形等。

(11)荚面　商品成熟期豆荚的表面形状。分凸、微凸、较平。

(12)荚纤维　商品成熟期豆荚的纤维多少。分多、较多、中、少、极少、无。

(13)荚长　商品成熟期豆荚的长度。取 10 条正常豆荚平均,以 cm 表示。

(14)荚横径　商品成熟期豆荚最宽处的横径。取 10 条正常豆荚平均,以 cm 表示。

(15)荚肉厚　商品成熟期豆荚的横切面肉最厚处。取 10 条正常豆荚平均,以 cm 表示。

(16)粒色　白、橙、红、复色。

(17)脐环色　红、褐、黑。

(18)粒形　肾形、矩圆、椭圆。

(19)耐旱性　强、中、弱。

(20)抗倒伏性　强、中、弱。

(21)抗病性　无、轻、中、重(记载病害名、发生时间,调查发病株数和指数)。

(三)经济性状

(1)田间株数　取 1～2 行(或 100 cm)调查其株数,折算单位面积株数。

(2)株高　主茎基部至顶端的长度,以 cm 表示。

(3)单株分枝数　样本结荚分枝数/样本株数。

(4)单株荚数　样本荚数/取样株数

(5)单荚重　盛收期随机取 10 条代表性的豆荚称重,取平均值,用 g 表示。

(6)荚粒数　样本粒数/样本荚数

(7)单株粒重　样本粒重/样本株数

(8)百粒重　取 100 粒称重,重复 3 次,以 g 表示。误差不超过 0.5 g。

(9)小区产量　小区种子重量,以 kg 表示。

(10)折亩产　以 kg 表示。

(11)折公顷产　以 kg 表示。

(12)前期产量　是指以对照品种作为计算标准,从对照种始收当日计起至第 10 天内所采收的产量总和,折算成亩产,以 kg 表示。

(13)总产量　从始收至末收的产量总和,折算成每公顷产量,以 kg 表示。

(14)单株产量　总产量/总株数。

(15)畸形荚　生长发育不正常,不具商品价值的荚为畸形荚。

(16)商品率　商品率=(总产量－畸形荚重量总和)/总产量×100%

(17)感观品质　满分 100 分,其中外观品质占 60%,食味品质占 40%。分 4 级:评分≥85 分为优,75≤评分＜85 分为良,60≤评分＜75 分为中,评分＜60 分为差。

微课:菜豆生物学特性与品种类型

四、菜豆种子生产技术

菜豆又称芸豆、四季豆,是我国栽培比较广泛的豆类蔬菜之一。制种投资少、易管理、见效快,一般可产种子 1 500～2 250 kg/hm^2,

效益较高。

(一)菜豆植物学特性

菜豆为直根系，较发达，再生能力不强，侧根至细根都有根瘤分布。茎细弱，蔓生或直立(图 3-16、图 3-17)。初生叶心形，对生，真叶为三出羽状复叶，绿色或浅绿色(图 3-18)。总状花序，蝶形花，发生于叶腋或茎顶端，多为闭花授粉，花色有白、黄、红、紫等多种颜色(图 3-19)。荚果，圆柱形或扁带状，嫩荚有绿、淡绿、紫红或紫红花斑等(图 3-20)。种子多肾形。种皮颜色有黑、白、红、黄、褐和花斑等，千粒重 300～700 g(图 3-21)。

图 3-16　蔓生菜豆缠绕茎

图 3-17　矮生菜豆直立茎

图 3-18　菜豆的叶片

图 3-19　菜豆的花序

图 3-20　菜豆荚果

图 3-21　菜豆种子

(二)菜豆对环境条件的要求

菜豆喜温暖，不耐霜冻、炎热，种子发芽适温 20～25 ℃，幼苗生长适温 18～20 ℃，开花结荚适温 18～25 ℃，菜豆较耐旱，土壤湿度以田间最大持水量的 60%～70% 为宜。菜豆要求土壤疏松，富含有机质、通气排水良好、有利于根瘤菌活动的土壤，菜豆对钾需求量较大，多施钾肥有利于种子饱满提高种子产量，硼和钼有利于根瘤菌生长。

(三)制种田的选择

微课：菜豆种子生产技术

1. 隔离要求

制种田应与其他豆类品种隔离 200 m 以上。

2. 土地选择

制种田应选择耕地土层深厚、有机质丰富、前茬为非豆科作物、排水良好的壤土或沙壤土。菜豆最怕涝，田间积水 2 h，叶片发生萎蔫；积水 6 h 时植株死亡。

(四)整地施肥

冬前深耕冻垡，播种前要充分翻地晒土，以熟化土壤，基肥以农家肥为主，施肥量 45～60 t/hm^2，以腐熟的猪粪、鸡粪为好。另外加施复合肥或磷酸二铵 450～600 kg/hm^2，与农家肥一起翻入地下作基肥。深耕 20 cm 以上，耙细整平，按 50 cm 宽的垄间距起 20 cm 高的垄。

(五)播种

1. 播种期

在不遭受霜冻的情况下越早播越好，可以让收获期避开高温多雨季节。播种前 5～7 d 浇透水，施除草剂，铺地膜，放置 5～7 d 以升高地温防止烂种。

2. 播种方法

以干籽直播为好，地膜覆盖栽培先覆膜后播种比先播种后覆膜优点多，先覆膜不但能提高地温和保墒，还可免去人工扒苗放苗，防止因扒苗放苗不及时产生的烧苗。

3. 播种量

菜豆制种合理密植可提高产量，一般制种田要比生产栽培田稍稀植一些，行距 60～70 cm，穴距不应小于 24 cm，每穴 3～4 粒。

(六)苗期管理

苗期是指出苗后到开花前大约 30d 左右，管理的重点是做到苗齐苗壮。在底墒好的情况下苗期一般不浇水，如遇干旱天气可在蔓生菜豆抽蔓搭架时浇 1 次水，选用 2.3 m 长架材较合适，架材过短后期顶部秧下垂影响上层通风透光，易造成落花落荚和早衰，矮生菜豆无须搭架（图 3-22，图 3-23）。

图 3-22 矮生菜豆

图 3-23 蔓生菜豆

(七)生长期管理

肥水管理，苗期以控水为主，在墒情好的情况下，可一直蹲苗到 80%豆秧见 5～7 cm 荚后才浇头遍水，随头遍水追施磷酸二铵 150 kg/hm^2，以后逐渐增加浇水次数，保持土壤湿润，结荚中期喷 0.2%磷酸二铵 3 遍。生长后期，下部种荚开始变色时，要停止浇水，以免种荚腐烂和种子在荚内发芽，田间检查拔除病株，以免种子带病。

图 3-24 矮生菜豆种子适宜采收期

(八)采种

菜豆的收获期以全株有一半以上豆荚干枯为准,将已老熟的种荚及时脱粒,而未完全成熟者及时进行后熟,待种荚干燥后再行脱粒。防止雨淋,豆荚内萌芽影响产量(图3-24)。

【课外阅读】

1. 参阅相关资料,了解国内外豇豆种子生产发展前景。
2. 参阅相关资料,了解豇豆杂交种子生产。

【课后作业】

1. 研究制定不同类型豇豆种子生产技术规程。
2. 调查影响当地豇豆种子生产效益的原因,并提出可行的改进建议。

【实训工作过程作业记录单】

豇豆制种亲本发放单						
编号				制种地点		
序号	品种(代号)	地号	面积	原种数量(kg)	户主签名	备注
填表人				年　月　日		

豇豆制种田间管理档案记载表							
合同户编号				户主姓名			
地块名称(编号)				制种面积(hm^2)			
前茬							
播前整地情况							
基肥施用	种类			数量(kg/hm^2)			
行距			滴灌带用量(m)			地膜用量(kg)	
播期		播量(kg)			出苗期		
幼苗特征							
搭架	时间			方式			
追肥	日期		种类			施肥量(kg/hm^2)	
	日期		种类			施肥量(kg/hm^2)	
	日期		种类			施肥量(kg/hm^2)	

灌溉	日期				灌量(m^3)			
	日期				灌量(m^3)			
	日期				灌量(m^3)			
	日期				灌量(m^3)			
病虫害防治	种类		防治方法					
	种类		防治方法					
	种类		防治方法					
	种类		防治方法					
估产	日期			产量(kg)				
果实采收	日期			打籽时间				
种子消毒	日期		药品		消毒时间			
种子晾晒	日期		清选日期			实际产量(kg)		
豇豆制种去杂去劣档案记载表								
检验时期	被检株数		杂株数		纯度(%)		出现的问题及解决措施	
苗期								
开花期								
坐果期								
采收期								
种子检验收购档案记载表								
种子质量检验结果	发芽率(%)		水分(%)		净度(%)		纯度(%)	
种子收购	日期		重量(kg)		单价(元)		总价(元)	

项目四

萝卜种子生产

萝卜是起源于中国的古老栽培作物，在我国各地均有分布，是一种栽培面积较大的根菜类蔬菜。我国萝卜品种资源十分丰富，目前在生产中利用较多的除了优良的地方品种外，育成品种也越来越多。我国萝卜新品种选育主要利用自交不亲和系、雄性不育系等，杂交种子生产也多采用这两种方式。近几年来我国萝卜育种工作发展迅速，共育成各种类型新品种近百种，尤其是杂种优势利用达到国际领先水平，在雄性不育利用上表现尤为突出。国外萝卜育种多采用自交不亲和系制种，实践证明，利用雄性不育系制种，方法简易，遗传性稳定，杂交率高，是萝卜杂交制种的主要方向。

【知识目标】

1. 熟知萝卜形态特征与生长发育规律。
2. 掌握萝卜生长发育周期及对环境条件的要求。
3. 掌握萝卜制种基地的选择、落实的方法。
4. 熟知萝卜种子生产一般过程及技术要求。
5. 熟知萝卜种子质量要求及防杂保纯的方法。
6. 知道萝卜种子生产过程中工作质量检查的时期、内容和要求。

【技能目标】

1. 能够依据萝卜品种特性和企业制种计划选择、落实制种基地，与农户签订制种合同，及时准确发放亲本种子。
2. 学会萝卜种子生产播前准备、播种、定苗、水肥管理、病虫害防治等工作。
3. 能准确识别萝卜的长势、长相类型、抗病性等品种间特征特性的差异，在制种工作中合理安排、管理，指导制种农户开展田间去杂去劣工作和种子的采收工作，保证制种产量和质量。

【素质目标】

1. 热爱“三农”，助力乡村振兴：通过西甜瓜种子生产学习、实践，培养学生的“三农”情怀，践行“五爱”，具备艰苦奋斗、吃苦耐劳、乐业奉献的“种子精神”，助力区域乡村振兴。
2. 质量意识、劳动精神培养：通过项目实施，理实一体，边干边学，培养学生具有质量意识、环保意识、安全意识和创新思维，具备乐于奉献、艰苦奋斗、吃苦耐劳的精神；树立和弘扬劳动精神，具有精益求精的工匠精神。

3. 可持续发展能力及知识综合应用能力：通过课前、课中、课后学习活动培养学生具有探究学习、终身学习和可持续发展的能力，具有整合知识和综合运用知识发现问题、分析问题和解决问题的能力。

4. 信息化应用能力培养：通过学习在线开放课程并发表评论，让学生掌握获取学习资源的途径，具备沟通协作能力和一定的信息素养及自主学习能力。

任务一　种株栽培

微课：萝卜种子生产技术

一、工作任务与要求

根据品种特征特性和当地的气候条件，选择适宜的种株栽培地块，指导农户进行土地翻耕、施肥等播前准备工作，并确定适宜的播种时间，指导农户适时播种，检查播种质量，并开展田间管理，保证苗齐苗壮，种株生长健壮，为翌年采种奠定基础。

二、工作程序与方法

选地整地	**选地**：应选择前茬是非十字花科的作物，土层深厚肥沃、疏松、通透性好，排灌良好的沙壤土或壤土地。秋冬萝卜制种前茬以瓜类、茄果类、豆类为宜，不宜与春季萝卜田重茬，重茬会出现生长缓慢、长势弱、病害重、肉质根表面粗糙、有黑斑等问题，影响种株的选择。 **整地**：前茬收获后（7 月中旬）及时清除残株、杂草和秸秆等，将土壤深翻，整细、整平。每公顷施腐熟有机肥 25 t，并加入过磷酸钙 375 kg、草木灰 750 kg，肥料撒施后翻耕土地，耙平，捡净石块、瓦砾等。大、中型萝卜采用起垄栽培（图 4-1），增加耕层深度，增加昼夜温差，改善田间通风状况，减少病虫害传播，利于灌溉。垄间距 40～50 cm，垄高 10～20 cm，垄面宽 18～20 cm，垄面上的土推平、耙碎、稍稍镇压，以利播种。小型萝卜采用畦栽（图 4-2），以增加种植密度，一般畦宽 1.2 m，畦面平整，以免低处积水招致沤根和软腐病的发生。为保证苗齐苗壮，播种前要浇透底水。  图 4-1　垄  图 4-2　畦

续表

播种	**亲本种子准备**：萝卜制种亲本种子必须是具备原品种（系）特征特性、品种纯度不低于98.0%，净度不低于97.0%，发芽率不低于85%，水分不高于8.0%的国标一级的亲本种子。 **播种密度**：大型萝卜起垄栽培时行距为50～60 cm，株距是25～30 cm，每穴播种3～5粒种子，播种量为4.5～7.5 kg/hm²；中型品种行距40～50 cm，株距15～25 cm，条播播种量为7.5～10.5 kg/hm²；小型品种株距10～15 cm，播种深度1.5～2 cm，撒播播种量为10～15 kg/hm²。 **播种方法**：新疆各地以7月底至8月上旬播种较为适宜。采用直播法。大型萝卜用点播法，中型萝卜用条播法，小型萝卜用撒播法。选用粒大饱满的新种子，播前应做好种子质量检验。
间定苗	**查苗补种**：播种后要保持土壤湿润，遇天旱要浇1次小水，土温在25 ℃左右时，2～3 d发芽，播后4～5 d进行查苗，发现缺苗应及时补种，保证全苗。 **间定苗**：苗出齐后及时中耕松土。在第一片真叶展开时进行第一次间苗和去杂去劣，选留2片子叶大小一致的苗，穴播的每穴留3株，条播的每隔3 cm留一株。2～3片真叶时进行第二次间苗和去杂去劣，每穴留苗2株，条播的苗距13～16 cm；5～6片真叶即“大破肚”时按规定株距，选择具有原品种特征的单株定苗，定苗时尽量选择子叶开展方向与行向垂直的幼苗。定苗在9:00—10:00进行，容易鉴别根系受伤或感病植株。
去杂去劣	结合间定苗，根据植株长势、叶形、叶色、叶片生长方式等，拔除被病虫侵害苗、细弱苗、畸形苗及不具有品种特征的苗。
中耕培土	苗期气候炎热，雨水多，须经常中耕除草。大、中型萝卜于幼苗期到封垄前，一般要求结合除草中耕2～3次，由浅到深，先近后远，并结合中耕进行培土，以防肉质根倒伏或弯曲。
水肥管理	**合理浇水**：根据降雨量多少、气温高低和品种特点确定浇水次数和浇水量。大部分苗出齐后浇一小水，保证出全苗；定苗后浇一水后进行蹲苗，一般15～20 d。肉质根进入膨大期需充分均匀地供水以满足肉质根生长需要，并防止裂根。生长后期适当浇水以防空心，收获前5～7 d停止浇水，以提高肉质根品质和贮藏能力。 **分期施肥**：萝卜施肥以基肥为主，追肥为辅。追肥要和浇水结合进行。定苗后追施1次提苗肥，结合灌水每公顷施尿素150 kg。肉质根开始膨大时追施第2次肥，追施尿素或硫酸铵375～525 kg/hm²，在肉质根生长盛期，进行第3次追肥，追施尿素或硫酸铵225～300 kg/hm²、硫酸钾225 kg/hm²。追肥施于萝卜根旁，不可撒在叶片上，以免烧伤叶片。若追施有机肥，一定要充分腐熟，以免发生沤根。
病虫害防治	害虫主要有小菜蛾、蚜虫、菜青虫等，尤其小菜蛾为害最重。可用50%辛硫磷乳油1 000倍液、25%快杀灵乳油1 500倍液、29%净叶宝乳油1 500倍液、3.2%田卫士乳油1 000倍液喷雾防治小菜蛾、菜青虫、蚜虫；对小菜蛾和菜青虫还可用Bt乳剂500倍液喷雾，喷雾时要均匀周到，自抽薹开花起一般每7～10 d喷药1次，连喷3～4次。

三、常见技术问题处理

1. 如何防止萝卜先期抽薹？

萝卜先期抽薹主要与种子萌动后遇到低温通过春化有关，轻则造成肉质根糠心，质地坚硬；重则不能形成产量。另外，还与使用陈种子，播种过早，又遇高温干旱，以及品种选用不当、管理粗放等有关。因此，在种株生产中宜选用冬性强的品种；严格控制从低纬度地区向高纬度地区引种；采用新种子播种；适期播种，加强肥水管理；注意选种，提高种性，防止品种混杂。如发现有先期抽薹现象，应及时摘薹，大水大肥，促进肉质根迅速膨大，降低损失。

2. 如何防止糠心？

糠心主要原因是有些品种肉质根过于松软、膨大快造成的。另外，后期水肥管理不当，高温干旱，多氮少钾，播种过早、收获过迟等也易形成糠心。应在制种栽培过程中加强水肥管理，适时播种，及时采收，避免糠心现象出现(图 4-3)。

图 4-3 糠心

3. 如何防止裂根？

裂根主要是肉质根膨大初期，供水不均形成。膨大前期由于缺水，肉质根周皮组织硬化，当水分充足时，肉质根再次膨大，产生裂根。为避免裂根的发生，肉质根膨大期要均匀供水(图 4-4)。

4. 如何防止辣味和苦味？

辣味是芥子油含量偏高，常与干旱炎热、缺肥、病虫为害、肉质根未充分膨大等有关。苦味是苦瓜素造成的，苦瓜素是一种含氮的碱性化合物，往往是由于氮过多，磷、钾不足所形成，应加强管理，提倡科学配方施肥。

5. 如何防止歧根？

歧根又称分杈，是侧根由吸收根转为贮藏根的结果。一般肥料未充分腐熟，土壤耕层浅，整地质量差，以及栽培管理过程中主根受伤等，影响主根生长导致畸形；使用陈种子也易导致歧根。生产中应使用充分腐熟的有机肥，提高整地质量，使用新种子进行播种(图 4-5)。

图 4-4 裂根

图 4-5 歧根

6. 如何确定追肥时间？

追肥必须根据植株的生长情况灵活掌握，如发现叶片黄、叶面积小、长势弱则须早追肥、多追肥；如叶片过旺，肉质根瘦小时，则须控水控肥，待叶片生长缓慢、肉质根迅速膨大时再追肥浇水。

7. 如何保证一播全苗？

萝卜播种深度 1.5～2 cm 为宜，萝卜为子叶出土型幼苗，若播种过深，子叶出土前要消耗大量营养物质，出苗较慢；若覆土太浅，种子容易干燥，影响出苗，即使能出土的幼苗，根系浅，容易倒伏，胚轴弯曲，导致肉质根形状弯曲。

萝卜播种时若土壤干燥可先浇水，待水渗入土中后再播种。土壤过湿条件下播种，幼苗生长不旺，根的发育不良，所以大雨后抢墒播种不宜过早。秋冬萝卜播种时天气炎热，除覆土外，用碎秸秆、灰肥等进行覆盖以保持水分，可保证出苗迅速整齐，并防止大雨造成土壤板结，妨碍出苗。如果未采取覆盖措施的地块遭遇大雨使土壤板结，应及时松土，否则，发芽种子会因不能顶土出苗而闷死，造成缺苗。

任务二　种株收获与越冬管理

一、工作任务与要求

根据当地气候条件，及时按要求收获种株，并依据品种特征特性进行株选，保证所选种株健壮无病虫，具备品种典型特征；及时开挖贮藏沟，贮藏沟选址合适，大小、深度符合要求，并按要求埋藏和管理种株，保证种株安全越冬。

二、工作程序与方法

收获	**收获时间**：当田间萝卜肉质根充分膨大，基部圆起，叶色转淡渐变黄绿时为收获适期。一般在霜冻前必须收获完毕。 方法：上午露水干时开始收获，将萝卜用手拔起，轻放于地面，防止碰伤，严禁使用利器清除根部泥土。
株选	收获时进行株选，选择叶簇相对较小，叶形、叶色、生长方式、肉质根形状、大小、皮色等具有本品种典型特征，侧根少、表面光滑、无病虫害、无畸形特点的肉质根为种株，选株后在离跟头 2 cm 处切去顶部叶片，以减少水分蒸发和避免贮藏时发芽糠心。
贮藏越冬	**开沟**：选择地势较高、地下水位低且土壤黏重、保水力强的地块沿东西方向开沟，沟宽 1～1.5 m 为宜，长度依据贮藏量确定。沟深必须比当地最大冻土层稍深，新疆昌吉地区冻土层 1～1.2 m，沟深应为 1.6～1.8 m。若土壤含水量低可先洒水，提高土壤含水量。挖沟时，将表土堆放在沟的南侧起遮阴作用，深层生土堆放在沟的北侧，因其洁净、病菌少，用于覆盖萝卜，可减少病菌侵染。 **贮藏**：萝卜入沟贮藏的时间最好是早上气温较低时，萝卜体温与沟内温度较低，带入沟内热量少，可减少发热腐烂。小型萝卜可以散堆，大型萝卜可以一层萝卜一层土分层码放，不管哪种方式，萝卜的堆积厚度以 40～50 cm 为宜，过厚导致上下层温差过大，易造成上层受冻下层发热，萝卜糠心、发芽，甚至腐烂。萝卜入沟后，用潮湿的细土进行覆盖。 **管理**：根据气候变化分 2～3 次盖土防冻，使温度保持在 0～3 ℃，土壤绝对湿度保持在 12%～18%，空气相对湿度保持在 90%。为保证沟内湿润，每次覆土时可洒些水，水量不宜过大，使土壤含水量达到 15%左右，避免沟底积水，以防发生腐烂。春季随着气温升高，应逐渐去掉覆土，以免种株伤热。

三、常见技术问题处理

1. 萝卜原种采种株选如何进行？

(1)单株选择法　在肉质根收获季节，在留种田或生产田中进行。根据选种目标，选择具有原品种典型性状的优良单株，分别编号，分别贮藏，分别隔离授粉，分别采收种子，各单株种子不得混合，以后每一单株后代各播一个小区，以品种为对照，进行株系间比较，从中选出性状基本稳定、符合选种目标的株系留种，各株系间进行隔离，株系内混合授粉，混合采种。为防止自交退化，在单株自交时，性状相似的植株间可以混合授粉。

(2)混合选择　在留种田选择符合选种目标、性状相似的单株混合留种，混合贮藏，混合授粉，混合采种。对选择的后代，与原品种及当地主栽品种进行对比试验，选出符合选种目标，综合性状超过对照的后代，直接用于生产。

单株选择和混合选择各有利弊，可以两者结合，或先进行单株选择，再进行混合选择，或反过来进行，相互结合、灵活运用。

2.影响萝卜种株贮藏越冬的因素有哪些？

(1)本身的贮藏特性　萝卜的肉质根收获后没有生理休眠期，在贮藏过程中遇到适宜的条件就会萌芽甚至抽薹。萝卜的含水量在93%～95%，采收后肉质根水分得不到补充，但失水一直持续，过度失水会使肉质根萎蔫、糠心，因此贮藏期间要尽量减少肉质根失水。

(2)品种与耐贮藏性　萝卜大部分较耐贮藏，但品种间存在差异。一般来说，以秋播的皮厚、质脆、含糖和水分多的晚熟品种较耐贮藏。青皮萝卜皮厚、干物质含量高，含糖较多，较耐贮藏，如北京的心里美、露八分、天津的卫青等。白皮萝卜皮薄、含水量较高，耐贮藏性稍差。红皮萝卜介于青萝卜与白萝卜之间，绝大多数小型早熟萝卜耐贮藏性都较差。

(3)采前因素影响　萝卜的耐贮藏性与其成熟度有关，播种过早、充分成熟、采收过晚的肉质根易发生糠心，不耐贮藏。生长发育期间偏施氮肥造成植株徒长，肉质根组织柔嫩、含水量过高等，也会降低耐贮藏性。在栽培过程中，增施磷钾肥，收获前适当控水，有提高耐贮性的作用。

(4)采后因素影响　萝卜肉质根脆嫩，在采收、装运过程中难免损伤，伤口被病菌感染而腐烂变质。田间携带或贮藏场所病原菌侵染也会使其在贮藏期间腐烂变质，其次，害虫或老鼠啃咬也会造成损失。因此，入贮时要剔除虫咬、病害萝卜，并在收获、装运过程中尽量减少机械损伤。

(5)贮藏期环境条件　贮藏期间避免高温和冻害，保持萝卜贮藏的适宜温度0～3 ℃。保持空气相对湿度在95%，减少糠心。

3.如何做好萝卜贮藏？

贮藏时，萝卜在沟内按层码放，萝卜根部朝上，一个挨一个排紧，摆放一层后覆盖5 cm厚的干净、湿润的沟底细土一层，其上再摆一层萝卜，再覆盖一层细土。萝卜堆码厚度一般为40～50 cm。堆好后，最后用一层细土覆盖、整平、踩实。如果土壤比较干燥，可以向沟内洒水，使土壤保持湿润，这样可以避免萝卜失水糠心。

萝卜刚埋入沟时气温、土温都比较高，加上萝卜堆积在一起，呼吸作用散发出的热量，会使沟内温度上升，若高温持续时间长则易造成腐烂。在埋藏初期，覆盖土层一定要薄，使沟内萝卜产生的热量易排出，以后随气温下降再分2～3次覆土，最后约与地面齐平，覆土总厚度要大于当地冻土层厚度。

除开沟埋藏之外，萝卜还可以采用窖藏，利用棚窖、井窖或窑窖都可以。其中，使用较为广泛的是棚窖。棚窖建造时，先在地面上挖一长方形窖坑，窖顶用木料、秸秆、土壤等做棚盖，顶上设天窗。新疆多采用地下式棚窖，入土深2.5～3 m，宽度多为3～4 m，长度20 m左右，一端开设窖门。上冻前将萝卜种株入窖，散堆贮藏，堆高1.2～1.5 m，层积贮藏的先在窖底铺设

8～10 cm 湿细沙，然后一层萝卜一层沙交替堆放。最后一层萝卜上铺盖 20～25 cm 湿沙。

4. 萝卜如何选择种根？

选择好标准化种根是保证种子纯度的基础，因此在收获贮藏前要严格选择，其标准有 5 点：一是符合品种的特征特性；二是形状整齐，根颈光滑顺直，皮色鲜艳；三是无分叉、无病虫害、无裂缝；四是大小均一；五是生长健壮，根基无伤痕。

任务三　种株定植管理与种子采收

一、工作任务与要求

根据萝卜采种对隔离区及土壤的要求，选择适宜的采种田，指导农户及时整地、施肥，确定适宜的定植时期，按照技术规程开展种株定植、管理，保证种株成活，及时开展浇水、施肥、去杂去劣、防倒伏、放蜂等工作。结合品种特点和当地气候条件，及时进行种子采收，结合采收对种株再次进行去杂去劣，并因地制宜选择适宜的脱粒措施，进行种子的脱粒、晾晒、清选，对种子进行质量抽检，合格种子及时收购，防止套购流失。

二、工作程序与方法

选地整地	**选地：**采种田必须选择有隔离条件的地块，一般自然隔离距离，原种为 2 000 m，良种为 1 000 m。采种田应选择地势高燥、土层深厚、肥水条件好、前茬未种过十字花科蔬菜的沙壤土。如果隔离条件不够或无隔离条件，可以采用保护地栽培，提前定植，提早开花结实，与露地品种进行花期隔离；或采用网室进行隔离，在种株开花前罩上纱罩，花期时注意不使花枝触及纱罩，防止昆虫传粉发生混杂，以保证种子纯度。 **整地：**冬前深耕 30 cm 以上，冻垡晒垡，种株定植前将土垡打碎耙平，每公顷施有机肥 75 t 以上，过磷酸钙 300～450 kg/hm^2。做成半高垄。
去杂去劣	定植前 7～10 d 将种株挖出，进行炼苗，并及时去除贮藏过程中糠心、黑心、腐烂和抽薹过早的种株。
定植	**时间：**当 10 cm 土温稳定通过 5 ℃以上时定植种株，新疆大约在 4 月中旬。定植前 7～10 d 把种株从贮藏沟起出后排列在阳畦内进行见光锻炼，待幼芽变绿即可栽种。定植前要按萝卜种株大小进行分级，种株过大后期易早衰；种株过小，分枝细弱易倒伏，产量低。 **方法：**如亲本系为自交系或雄性不育系，定植的株行距为(25～30) cm×(40～50) cm，不育系和保持系的定植比例为 4∶1，为增加花粉量，保持系的株距可适当小些。如亲本为自交不亲和系，定植的株距为 25～30 cm，为便于人工蕾期授粉，可采用宽窄行相间的方式，窄行 33～40 cm，宽行 80～90 cm。将种株根部全部埋入土壤，根头部入土 2 cm，并适当镇压，以防冻害和土壤漏风跑墒。对一些长根型萝卜品种可以采用起垄栽培的方式，定植时也可以斜插，栽后一定将土踩紧，以免浇水时土壤下陷，使根部外露，引起冻害，或地下积水过多，引起种根腐烂。
水肥管理	定植后若土壤湿度大可以不浇水，以利土地升温；若湿度小可隔垄浇小水，及时中耕，切忌大水漫灌，影响地温回升。定植成活后根据品种需水特点，结合土壤墒情和气候条件，合理进行水肥管理，保证种株生长健壮，顺利抽薹开花。

续表

防倒伏	在种株抽薹期设立支柱，每株插一根竹竿或插成篱架，把主枝绑在支架上，以防倒伏影响种子产量。
整枝	个别地块萝卜保苗差，为提高种子产量，可采取提早摘去花薹顶端的措施，即在萝卜花薹抽生至5～6个分枝时，摘除花薹顶端，促发二次分枝，提高结荚密度。待种株进入末花期后，将枝条顶端的花和未开放的花蕾摘去，并将植株基部新抽生的侧枝及时剪去，使植株养分集中向种子输送。
放蜂	在盛花期每公顷放蜂15箱，可提高制种产量10%～30%。无条件放蜂者要人工辅助授粉来提高授粉率和产量。
病虫害防治	经常查看制种田，及时发现病虫害，及时预防、防治。
收获	**时间**：种荚黄熟后，及时采收，以防鸟害与雨淋。 **方法**：人工采收。割下枝荚（勿带根带土），运至晾晒场摊开翻晒，防止发霉。注意捡出混在其中的野燕麦、野荞麦植株，否则杂草种子混杂在萝卜种子中无法筛选出来，影响种子质量和等级。 **脱粒**：萝卜枝荚晾晒干时（种子含水量10%），可以用磙子碾压、破荚；也可以晒干后采用手工捶打脱粒。 **清选**：扬净、过筛后进行机选，进行种子晾晒，当种子水分达到8%时定量包装交售。不同品种要单装、单收，经常查看，防止种子混杂、霉变。
检验交售	**检验**：按要求取样，并进行种子质量检测，依据NY 2620—2014标准对萝卜种子质量要求进行定级定等。依据NY 2620—2014标准萝卜大田用种（常规种）的质量要求为，品种纯度不低于94%，净度不低于98%，发芽率不低于85%，水分不高于8%；萝卜大田用种（杂交种）的质量要求为，品种纯度不低于94%，净度不低于98%，发芽率不低于85%，水分不高于8%。 **交售**：合格种子及时收购，防止套购流失。

三、常见技术问题处理

1. 自交不亲和系蕾期如何人工授粉？

在繁育自交不亲和系时，要在纱棚内，用人工蕾期混合授粉的方法进行。具体的做法是：用剥蕾器轻轻转动把花蕾顶部的萼片和花瓣剥去，露出柱头，然后授上本系的混合花粉。剥除花蕾的萼片、花瓣时一定要轻，避免伤害柱头和花柄，否则会影响结实率。授粉的花蕾大小要合适，以开花前1～3 d的蕾结实最好。花粉要取当天或前一天开花的新鲜花粉。为避免自交代数过多造成生活力衰退，授粉要用系内各株的混合花粉。

2. 如何开展常规种采种人工辅助授粉？

把纱布或毛巾做成长条，系到两根木棍或竹竿上，并喷水湿润，花期每天10:00—15:00在田间横向轻轻拉动，即可提高母株授粉率。

3. 病害防治技术

(1)萝卜白锈病　叶片受害，初期叶正面产生黄绿色小斑点，水浸状，很快扩大成边缘不明显的淡色黄斑，以后叶背生出白色隆起的小疱斑，大多圆形至近圆形，后期疱斑易于破裂，散放出白色粉状，茎部发病，肥肿畸形，上生较大的白色疱斑。花梗被害，花轴肿大呈畸形，表面也产生白色疱斑。

防治方法：重病地与非十字花科蔬菜实行2～3年轮作；收获后，彻底清除田间病残体，集中处理,减少菌源;发病初期,可选用25%瑞毒霉可湿性粉剂800倍液,或58%甲霜灵·锰锌可湿性粉剂500倍液,72%克露可湿性粉剂600倍液喷施防治。

(2)萝卜黑斑病 叶片发病,病斑圆形、褐色或深褐色,病斑中间常有明显的同心轮纹,周缘稍具黄色晕圈。茎和叶柄上病斑条点状、暗褐色。潮湿时,病部产生淡黑色霉层。

防治方法:与非十字花科蔬菜实行2年以上轮作。清洁田园,高垄栽培,雨后及时排水;种子消毒,可用50 ℃温水浸种20 min,然后在冷水中降温。也可用种子重量0.4%的80%炭疽福美可湿性粉剂拌种;发病初期及时用药。可选用70%代森锰锌可湿性粉剂600倍液,或75%百菌清可湿性粉剂600倍液,或64%杀毒矾可湿性粉剂500倍液。每7 d喷药1次,视病情防治2~3次。

(3)萝卜黑腐病 病斑灰色至淡褐色,边缘常有黄色晕圈,病斑部叶脉坏死变黑。病菌能向叶脉、叶柄发展,蔓延至根部。根系受害,部分外表皮变为黑色,或不变色,内部组织干腐,维管束变黑,髓部组织也呈黑色干腐状,甚至空心。

防治方法:种子消毒,用50 ℃温水浸种20 min或用72%农用硫酸链霉素可溶性粉剂3 000倍液浸种2 h;发病初期用72%农用硫酸链霉素可溶性粉剂4 000倍液,或50%琥胶肥酸铜可湿性粉剂700倍液,喷雾防治,每7 d喷施1次,连续防治2~3次。

(4)萝卜白斑病 叶片上散生圆形或卵圆形病斑,灰白色至淡褐色。后期病斑半透明,薄如窗纸,有时开裂、穿孔。

防治方法:种子消毒。用50 ℃温水浸种20 min,或用种子重量0.4%的40%福美双拌种;施足基肥,增施磷、钾肥;适度灌水,雨后排水;发病初期喷50%甲基托布津可湿性粉剂500倍液,或50%多菌灵可湿性粉剂800倍液,或70%代森锰锌可湿性粉剂500倍液。

(5)萝卜病毒病 全株发病,病叶表现为黄绿相间的斑驳花叶,有时皱缩畸形,全株黄化、矮缩。

防治方法:加强水肥管理,提高植株抗病力,避开蚜虫及高温等易发病的因素;药剂防治,20%病毒克星500倍液,或5%菌毒清500倍液,或1.5%的植病灵乳剂1 000倍液等药剂喷雾。每隔5~7 d喷1次,连续2~3次。

4.虫害防治技术

(1)萝卜地种蝇 以幼虫为害,在萝卜表面造成许多弯曲的沟道,还可蛀入内部窜成孔道,引起腐烂。成虫体长约7 mm,暗灰褐色。头部两复眼较接近,胸背面有3条黑色纵纹,腹部背中央有1条黑色纵纹。各腹节间均有黑色横纹。后足腿节外下方有一列稀疏的长毛。雌虫全体黄褐色,胸、腹背面均无斑纹。幼虫称蛆,乳白色。

防治方法:秋季翻地,采收后及时耕翻土地,可减少部分越冬虫蛹;成虫羽化盛期,或蝇量突然增加时,即为防治适期。可用21%增效氰·马乳油3 000倍液,或90%晶体敌百虫1 000倍液,50%辛硫磷乳油500倍液喷雾防治。若错过成虫防治期,可用上列药剂灌根防治幼虫。

(2)蚜虫 在叶面上刺吸植物汁液,造成嫩头萎缩,嫩叶皱缩卷曲,大量排泄蜜露、蜕皮而污染叶面,并能传播病毒病。有翅胎生雌蚜体长约2.2 mm,头、胸部黑色;腹部黄绿色,有数条不明显的暗绿色横带,两侧各有5个黑点;全体覆有明显的白色蜡粉。无额瘤。

防治方法:必要时喷洒10%吡虫啉可湿性粉剂1 500倍液,或3%啶虫脒可湿性粉剂3 000倍液;黄板诱蚜;利用天敌,蚜虫的天敌有七星瓢虫、异色瓢虫、龟纹瓢虫、草蛉、食蚜蝇、食虫蝽、蚜茧蜂及蚜霉菌等。

【理论基础】

一、萝卜制种理论基础

微课：萝卜形态特征

萝卜，别名莱菔、芦菔，十字花科萝卜属二年生或一年生草本植物，我国是萝卜的起源中心之一，有着悠久的萝卜栽培历史，南北方各地普遍栽培。如气候条件适宜，四季均可栽培，但多数地区以秋季栽培为主，是秋冬主要蔬菜之一。萝卜营养丰富，除含有一般的营养成分外，还含有淀粉酶和芥子油，有帮助消化、增进食欲的功效，还具有易栽培、适应性强、产量高等特点，深受人们的喜爱，在蔬菜栽培、制种中占有十分重要的地位。

(一)形态特征与生长发育规律

1. 根

萝卜是直根系作物。小型萝卜的主根深 60～150 cm，大型萝卜根系则深达 180 cm，主要群根分布在 20～40 cm 的土层内。随着生长的进行，初生形成层和次生形成层不断分生薄壁细胞，并膨大形成肥大的肉质根(图 4-6)。

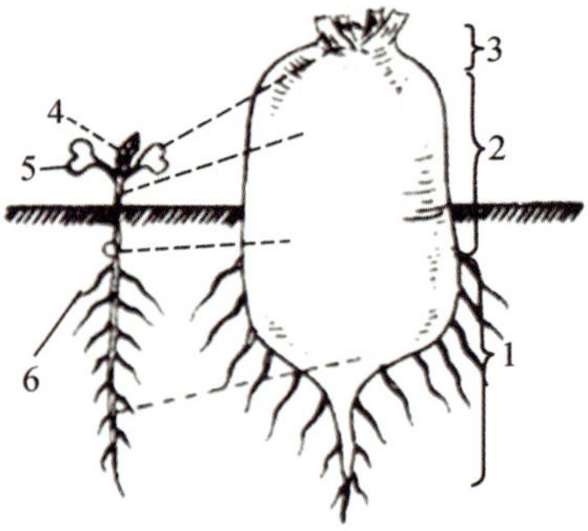

1. 真根部　2. 根颈部　3. 根头部
4. 第一真叶　5. 子叶　6. 侧根

图 4-6　萝卜的肉质根

萝卜的肉质根的形状、大小和皮色等因品种的不同而具有很大差异。常见的形状有圆形、扁圆形、椭圆形、细颈圆形、圆柱形、圆锥形、弯月形、倒圆锥形等。小的萝卜如四季萝卜单株根重只有几十克，大的萝卜如拉萨萝卜可重达 10～15 kg。肉质根的皮色通常有红皮、白皮、青皮 3 种。肉质根肉色大多为白色，也有少数品种为红色、绿色或红绿相间。

2. 茎

茎在营养生长阶段为短缩茎(图 4-7)，当种株完成阶段发育，在合适的温度和光照条件下，由短缩茎的顶芽抽生花枝，如顶芽受到损伤，侧芽也可以抽生花枝。主枝高达 100～120 cm，由主枝腋芽抽生一级侧枝，由一级侧枝腋芽抽生二级侧枝，形成多级侧枝(图 4-8)。

图 4-7　萝卜短缩茎

图 4-8　萝卜花茎

3. 叶

子叶两片，肾形(图 4-9)。萝卜从种子萌动到真叶出现前，主要靠两片肥厚的子叶供应养分，子叶的发育程度直接影响幼苗的质量，所以饱满的种子要比秕子质量高。第一对真叶匙形，称为“初生叶”（图 4-10），以后的营养生长期长出的叶片统称为“莲座叶”（图 4-11）。

图 4-9　子叶

图 4-10　初生叶

萝卜的叶形有板叶（图 4-12）和羽状裂叶（图 4-13），叶色有淡绿、深绿等，叶柄有绿色、红色、紫色，叶片和叶柄上多茸毛。

小型早熟品种多为 2/5 叶序，大型中晚熟品种为 3/8 叶序。叶丛生长方式有直立（图 4-14）、平展（图 4-15）、塌地等形态（图 4-16）。

图 4-11　莲座叶

图 4-12　板叶

图 4-13　羽状裂叶

图 4-14　叶片直立

图 4-15　叶片平展

图 4-16　叶片塌地

4. 花

萝卜的花序为复总状花序，完全花，花器中有花萼 4 枚、花瓣 4 枚、雄蕊 6 枚、雌蕊 1 枚。花萼绿色，花瓣有白色、粉红色或淡紫色，开放后呈“十”字形，雄蕊为四强雄蕊，基部有蜜腺，为虫媒花植物。健壮的成株有 1 500～3 500 朵花，小株采种的有 1 000～2 000 朵花。萝卜皮色与花色有一定关联，一般白萝卜的花多为白色，青萝卜的花多为紫色，而红萝卜的花多为白色或淡紫色（图 4-17）。

萝卜通过春化后，每天 13～14 h 连续光照时间有利于萝卜花芽分化，对春化条件要求严格的品种对光照时间要求也严格，不仅需要每天有一定连续光照时数，还要求一定光照天数。春性强的品种在春化后只需 15～20 d 就能现蕾，弱冬性品种需要 25～30 d，冬性品种则需要 30～45 d。

主花茎上可发生一级分枝、二级分枝甚至三级分枝，一般情况下，一、二级侧枝上花数多，主枝上花数少。开花顺序是主茎上的花先开，然后中上部分枝开花，而后逐渐向下各级侧枝依次开放，在每个花枝上，花由下而上依次开放。全株花期为 30～40 d。

柱头和花粉的生活力一般以开花当天最强，进行人工蕾期授粉时，以开花前 1～3 d 的授粉结实率最高。

5. 果实

萝卜的果实为长角果，在授粉后 35～40 d 种子发育成熟，每一果实内有种子 3～10 粒，角果成熟后不易开裂，种子脱粒较困难，需要晒干后再脱粒（图 4-18）。萝卜结荚是以侧枝为主，单株种子产量，主枝产量只占总产量的 4.2%，在侧枝中又以中上部侧枝种子产量最高，最下层由于在底层，授粉、受精条件不好，种子产量最低。若除去最下层 1～2 层侧枝和主枝可提高其他侧枝种子的千粒重。

图 4-17　复总状花序

图 4-18　萝卜的角果

6. 种子

种子为不规则的圆球形，种皮浅黄色至暗褐色，千粒重 7～15 g，种子发芽率可保持 5 年，但生产中宜用 1～2 年的新种子（图 4-19）。

图 4-19　萝卜的种子

微课：萝卜生长发育周期及对环境条件的要求

(二)生长发育周期

萝卜一般表现为二年生,生长发育过程可分为营养生长和生殖生长两个时期。第一年进行营养生长形成肥大的肉质根,经过冬季贮藏、感受低温完成春化,第二年进入生殖生长,抽薹、开花、结果。

1. 营养生长阶段

(1)发芽期　从种子萌动到第一片真叶显露,需 5～6 d(图 4-20)。此期主要是子叶和吸收根的生长,栽培上应创造适宜的温度、水分和空气条件,以保证顺利出苗。要防止高温干旱和暴雨引起缺苗断垄。

(2)幼苗期　从真叶显露到根部"破肚",需 15～20 d,已有 7～10 片叶子展开(图 4-21)。此期叶片加速分化,叶面积不断扩大,要求较高温度和较强的光照和充足的营养。由于直根不断加粗生长,而外部初生皮层不能相应地生长和膨大,引起初生皮层破裂,称为"破肚"(图 4-22)。破肚历时 5～7 d,破肚结束即幼苗期终了。此后肉质根的生长加快,应及时浇水施氮肥、间苗、定苗、中耕、培土,以促苗壮。

图 4-20　发芽期

图 4-21　幼苗期

图 4-22　破肚

(3)莲座期　从"破肚"到"露肩",需 20～30 d(图 4-23)。此期肉质根与叶丛同时旺盛生长,幼苗叶及以下叶片开始脱落衰亡,莲座叶旺盛生长,第一叶环完全展开,并继续分化第二、第三叶环的幼叶,根系吸收水肥能力增强,肉质根迅速膨大。初期地上部生长量大于地下部,后期肉质根增长加快,根头膨大,直根稳扎。这种现象称为"露肩"或"定橛"。露肩标志着叶片生长盛期的结束。莲座前期和中期以促为主,增加肥水,促进形成强大的莲座叶。莲座后期以控为主,促使其生长中心转向肉质根膨大,应追施完全肥料,为后期的肉质根生长盛期打下基础。

图 4-23　莲座期

(4)肉质根生长盛期　从"露肩"到收获,为肉质根生长盛期,需 40～60 d(图 4-24)。此期肉质根生长迅速,肉质根的生长量占总生长量的 80%以上,地上部生长趋于缓慢,而同化产物大量贮藏于肉质根内。此期对水肥的要求也最多,需要大量肥水供应,以利养分积累和肉质根膨大。生长后期保持土壤湿润,避免因干燥引起空心。

2. 生殖生长阶段

秋冬萝卜进入肉质根形成盛期，营养苗端已转化为生殖顶端，由于气温下降，未能抽生花薹。萝卜经冬贮后，第二年春季定植于大田，在长日照和温暖条件下抽薹（图 4-25）、开花、结实（图 4-26）。从现蕾到开花，历时 20～30 d，花期为 30～40 d，种子成熟期需 30 d 左右。此期同化器官制造的养分及肉质根贮藏的养分都向生殖器官输送，供抽薹、开花、结实之用，这时肉质根变为空心，失去食用价值。为了留好种子，此期需要适当的供应水肥，种子成熟时保持干燥以利种子成熟。

图 4-24　肉质根生长盛期

图 4-25　抽薹开花

图 4-26　结实

(三)对环境条件的要求

1. 温度

萝卜起源于温带地区，为半耐寒性蔬菜。生长适宜的温度范围是 5～25 ℃。种子发芽起始温度为 2～3 ℃，适温为 20～25 ℃；幼苗期可耐 25 ℃左右较高温度和短时间－3～－2 ℃的低温。叶片生长的温度为 5～25 ℃，适温为 15～20 ℃。肉质根生长膨大的适温为 18～20 ℃。高于 25 ℃呼吸作用增强，有机物质消耗过多，植株长势弱，肉质根纤维含量增加，产品质量差。温度低于 6 ℃以下时，植株生长缓慢，并容易通过春化阶段而导致未熟抽薹。当温度低于 0 ℃时，肉质根易遭冻害。萝卜是种子春化型植物，从种子萌动开始到幼苗生长、肉质根膨大及贮藏等时期，都能感受低温通过春化阶段。大多数品种在 2～4 ℃低温下春化，春化期为 10～20 d。

2. 光照

萝卜属中光性蔬菜。光饱和点为 18～25 klx，光补偿点为 0.6～0.8 klx。光照不足引起叶柄伸长，下部叶片因营养不良而提早衰亡，肉质根膨大速度慢，产量低，品质差。萝卜为长日照植物，通过春化的植株，在 12 h 以上的长日照及高温条件下，有利于抽薹、开花、结实。

3. 水分

萝卜喜湿怕涝又不耐干旱。土壤水分是影响萝卜产量和品质的重要因素之一，在土壤最大持水量 60%～80%、空气湿度 80%～90%的条件下，易获得高产、优质的产品，在发芽期和幼苗期需水不多但要保证土壤湿润，应小水勤浇；莲座期叶片生长旺盛，肉质根开始膨大，土壤湿度保持在 60%左右；“露肩”以后需水量增加，土壤湿度经常保持在 65%～80%，此期供水不足肉质根膨大受阻，表皮粗糙，辣味增加，易发生糠心。土壤含水量偏高通气不良，肉质根皮孔加大，表皮粗糙，侧根着生形成不规则突起，品质也会下降。土壤忽干忽湿，易导致肉质根开裂。花期要有充足的水分供应，否则，会影响授粉、受精和结实。

4. 土壤营养

萝卜生长要求土壤为土层深厚、富含有机质、保水和排水良好的沙壤土。土壤过于黏重不利于肉质根膨大，低洼地、土层浅、坚实或砂石过多易发生徒长或肉质根畸形。土壤 pH 以 5～8 较为适宜。萝卜吸肥力较强，施肥应以缓效性有机肥为主，并注意氮、磷、钾的配合。特别在肉质根生长盛期，增施钾肥能显著提高品质。每生产 1 000 kg 产品需吸收氮 2.16 kg，磷 0.26 kg，钾 2.95 kg，钙 2.5 kg，镁 0.5 kg。

(四)萝卜的阶段发育

萝卜属于低温敏感型作物，在种子萌动、幼苗、营养生长及贮藏时期都可以完成春化阶段。萝卜不同品种完成春化阶段的温度范围为 1～24.6 ℃，最适温度是 1～5 ℃，温度越高则需要的时间越长。根据不同品种对春化反应的不同可以分为 4 类。

1. 春性系统

未处理的种子在 12.2～24.6 ℃条件下通过春化。如广东的火车头、云南的半节红等。

2. 弱冬性系统

萌动的种子在 2～4 ℃中处理 10 d，播种后 24～35 d 现蕾。如四川的白圆根、杭州的浙大长等。

3. 冬性系统

萌动的种子在 2～4 ℃中处理 10 d，播种后 35 d 以上现蕾。如北京的心里美、南京的五月红等。

4. 强冬性系统

萌动的种子在 2～4 ℃中处理 40 d，播种后 60 d 现蕾。如武汉的春不老萝卜、拉萨冬萝卜等。

萝卜属于长日照作物，在通过春化阶段后，需要在 12 h 以上的长日照及较高的温度条件下通过阶段发育，进行花芽分化和抽生花枝。所以，萝卜春季播种时前期低温，后期长日照及较高的温度，很容易完成阶段发育，出现未熟抽薹的现象，因此，萝卜小株采种容易获得成功。

二、萝卜的品种类型

我国萝卜品种资源丰富，分类方法不一。按栽培季节可分为 4 种类型。

微课：萝卜品种类型

(一)秋冬萝卜

夏末秋初播种，秋末冬初收获，生长期 60～100 d。秋冬萝卜多为大中型品种，产量高，品质好，耐贮藏，供应期长，是各类萝卜中栽培面积最大的一类。优良品种有浙大长、青圆脆、秦菜一号、心里美、大红袍、沈阳红丰 1 号、吉林通园红 2 号等。

(二)冬春萝卜

南方栽培较多,晚秋播种,露地越冬,翌年 2—3 月收获,耐寒性强,不易空心,抽薹迟,是解决当地春淡的主要品种。优良品种有武汉春不老萝卜、杭州迟花萝卜、昆明三月萝卜、南畔州春萝卜等。

(三)春夏萝卜

3—4 月播种,5—6 月收获,生育期 45～70 d,产量低,供应期短,栽培不当易抽薹。优良品种有锥子把、克山红、旅大小五樱、春萝 1 号、白玉春等。

(四)夏秋萝卜

夏秋萝卜具有耐热、耐旱、抗病虫的特性。北方多夏播秋收,于 9 月缺菜季节供应,生长期正值高温季节,必须加强管理。优良品种有象牙白、美浓早生、青岛刀把萝卜、泰安伏萝卜、杭州小钩白、南京中秋红萝卜等。

(五)四季萝卜

肉质根小,生长期短 30～40 d,较耐寒,适应性强,抽薹迟,四季皆可种植。优良品种有小寒萝卜、烟台红丁、四缨萝卜、扬花萝卜等。

三、萝卜的采种技术

萝卜为异花授粉作物,异交率极高,在留种时必须采取严格的隔离措施,一般必须有 1 500～2 000 m 的隔离区。萝卜的采种方法有成株采种法、半成株采种法和小株采种法 3 种。

动画:萝卜采种技术

(一)成株采种法

在自交系、自交不亲和系和雄性不育性制种时都可用成株法繁育亲本系。成株采种法也叫大株采种法。按萝卜生产的正常播种时间,在萝卜肉质根收获季节在留种田中根据品种特征、特性进行人工选择,选择具有本品种特性、无病虫害、肉质根大而叶簇相对较少、表皮光滑、色泽好、根尾细的做种株。种株经过冬季低温贮藏,第二年春天定植到有良好隔离条件的露地或保护地中采种。成株采种是在植株充分生长、品种性状得到充分表现的基础上进行人工选择的,这对于保持和提高品种的种性有利,但成株采种占地时间长,病虫害较重,生产成本较高,主要用于原原种、原种的采种,秋冬萝卜一般采用此法采种。

(二)半成株采种法

比成株采种晚播 1～3 周,躲过前期高温多雨,种株生长期间病虫害较少,生产成本较低,但肉质根收获贮藏时,生长期较短,品种性状未得到充分表现,选择效果要比成株采种差。主要用于繁殖生产用种或原种(只繁育 1 个世代)。

(三)小株采种法

小株采种法又称为当年直播法。早春播于阳畦或化冻的露地顶凌播种,利用早春的低温,对萌动的种子及幼苗进行春化处理,或进行人工春化处理,即将萌动的种子置于 1～3 ℃的低温中,根据品种对春化反应的强弱,分别处理 2～4 周,再播种于露地,种株在春末夏初抽薹、开花、结实。其优点是生育期短,省工、省地,适于密植,种子产量较高,成本较低;缺点是不能对种株的经济性状进行很好的选择,连年应用小株采种会引起种性退化。

生产上一般采用成株采种繁殖原种,半成株采种和小株采种繁殖生产用种,使二者有机结合,既能保持和提高品种的种性,又能降低种子生产成本。

【拓展知识】

一、根菜类蔬菜简介

(一)根菜类蔬菜的主要类型

凡是以肥大的肉质直根为产品的蔬菜都属于根菜类。根菜类蔬菜的肉质根属于变态器官,具有贮藏养分的功能,含有丰富的维生素、碳水化合物,以及钙、磷、铁等营养物质,营养丰富,食法多样,并较耐贮藏,还可制成各种加工制品,是我国重要蔬菜之一。根菜类蔬菜包括十字花科的萝卜、根用芥菜、芜菁、芜菁甘蓝及辣根;伞形科的胡萝卜、根芹菜、美洲防风,菊科的牛蒡、婆罗门参,藜科的根菾菜等。在我国栽培较多的有萝卜、胡萝卜、芜菁、根用芥菜,尤以萝卜和胡萝卜栽培最为普遍,用种量大,每年都需要制种。

(二)根菜类蔬菜生物学及栽培管理共性

1. 植物学性状

根菜类的肉质根可分为根头、根颈和真根三部分。根头为短缩茎,根颈由幼苗下胚轴发育而成,不着生叶和侧根。真根由幼苗胚根上部发育而成,其上着生侧根。十字花科和藜科根菜类蔬菜肉质根侧根为二列,侧根方向与子叶展开方向一致,伞形科肉质根的侧根为四列。根菜类不同蔬菜肉质根的三部分比例因种类和品种的不同而异,萝卜的根头部分极短缩,而根颈和真根所占比例最大;胡萝卜真根比例大,根用芥菜的根头比例最大。

2. 对环境条件的要求

根菜类为深根性植物,并以肉质根为产品器官,适宜在土层深厚、肥沃疏松、排水良好的沙壤土栽培,土壤瘠薄、黏重、多石砾,易产生畸形根;生产上多用种子直播,不耐移植;多为耐寒性或半耐寒性二年生蔬菜,在低温下通过春化阶段,在长日照下通过光照阶段;均属于异花授粉植物,采种时需严格隔离;同科的根菜有共同的病虫害,不宜连作。

二、萝卜杂交种露地春播小株采种技术

萝卜一代杂种优势极为明显,通常在产量、品质、早熟性、抗逆性、贮运性、整齐度等方面的表现都优于亲本。目前我国利用萝卜雄性不育系配制一代杂种比较普遍,杂交率可达99%以上,杂种优势强,保存和繁殖亲本及配制一代杂种操作比较简便。

杂交种亲本的繁殖一般采用成株采种法,一代杂种种子的繁殖可以采用成株法,也可以采用半成株或小株采种法,其中小株采种法又分为露地春播小株采种法和春播育苗小株采种法两种。目前,新疆多采用露地春播小株采种法,以缩短制种时间,提高制种效益。具体的操作方法如下。

(一)选地整地

萝卜为异花授粉作物,主要靠昆虫授粉,利用萝卜雄性不育系制种时,由于母本雄蕊无花粉,对蜜蜂的吸引力不大,因此应选择蜂源比较充足的地区制种,周围1 500 m范围内不得有其他萝卜,肥水条件好的地块做制种田。

待土壤化冻时,施足底肥,墒情好的地块抢墒播种,墒情不好的地块浇水造墒,然后整地做畦。

(二)播种

一般3月底顶凌播种,也可以播种前进行浸种催芽,再通过春化处理后播种,春化处理的方法是在播种前10~15 d,将种子用温水浸种后在20~25 ℃的温度下使其萌动,萌芽后在冰箱2~4 ℃的温度下处理10~14 d后播种。根据制种组合的不同生态类型和制种亲本的特征特性确定合理的定植密度。合理密植能使得单株有效荚数、单荚粒数在群体中达到最大值,从而获得高产。父本系与不育系一般按照1∶(3~4)相间播种,父本系应缩小株距,以增加株数。如制种母本种株较大,且分枝力强,而父本种株分枝力弱时,应加大父本畦的种植密度,使父母本比例达到1∶2,满足母本植株授粉的需要。行距根据亲本植株大小确定。

播种可以采用人工条播,也可以采用小麦条播机播种。播种量7.5~9 kg/hm^2,播种行距25~30 cm,播种深度2~3 cm。播种时带种肥磷酸二铵225~300 kg/hm^2,硫酸钾150 kg/hm^2,保证萝卜生育期的养分需要。

(三)苗期管理

温度适宜的情况下,播种5~7 d后开始顶土出苗。真叶显露至3~4片,要及早用菊酯类杀虫剂预防跳甲啃食幼苗生长点。苗期间苗1~2次,株距8~10 cm。4~5片真叶时及时定苗,定苗株距15~20 cm,保苗株数18万~22.5万株/ hm^2。结合间定苗去杂去劣,根据品种特性、株形、叶型、叶色,及早拔除杂株, 提高制种质量。早春气温低尽量少浇水,以中耕保墒为主,促进根系发育。

(四)抽薹开花期管理

1. 水肥管理

种株抽薹后,及时进行田间检查,若出现一亲本先抽薹,可摘去主枝上端花序,推迟花期,使双亲花期相遇。开花期加强水肥管理,结合浇水追肥1次,追施尿素150~225 kg/hm^2。种粒灌浆前要保持土壤湿润,切忌干旱,不然会严重减产。种粒灌浆后到种荚开始变黄之前应控制浇水,一般不旱不浇水,如遇大雨应及时排涝。提早做好蚜虫的预防工作,采用1.8%爱福丁乳油3 000倍或77%艾美乐6 000倍或5%锐劲特悬乳剂,用量750~1 500 mL/hm^2。

2. 花期调控

一般父本应比母本花期提前1~3 d,如果出现花期不遇,要对早抽薹的适当控制晚打薹,晚抽薹的早打顶,以促进侧枝分化。等两亲本侧枝长势一致时,把早抽薹的亲本打顶,让双亲花期相遇。花期一般不喷药,避免杀伤传粉昆虫。

3. 去杂去劣

花期去杂,主要看“花”,母本植株全部应该是无粉株,如果制种田母本出现了有粉株一定要及时拔干净。有粉株一般长势较旺,叶色较深,开花时颜色鲜艳,很远就能看到。花期去杂要进行3遍。一般情况下总是有粉株先开花,如果等植株全部开花后再去杂,种子的纯度就会受到很大的影响。当60%以上的植株开花后,进行第2遍去杂。当全部植株开花之后进行第3遍去杂。如果碰到有些植株还没有开花,就将这些植株拔掉以确保种子的纯度。

花期去杂之后,还要经常到制种田看看,以防止气温升高后有些雄性不育系会出现感温现象、嵌合现象。感温现象是有些雄性不育系随着温度的升高无粉株会变成有粉株,嵌合现象是指种株上会同时有有花粉和无花粉枝条,一旦出现这些情况要立即进行去杂。

4. 拔除父本

父本谢花后要及时拔除父本，一是为防止父本种子混到母本里面，二是为便于后期病虫害管理时的操作。

5. 适时收获

种荚由绿变黄，籽粒成熟后，于清晨收获，以防止或减少落荚，收获后及时晾晒。由于萝卜种荚内海绵状荚皮太厚，不易裂荚，所以要将种株充分晾晒并趁午间种荚干燥时脱粒，未晒干时不要脱粒。在特殊年份因自然灾害造成危害的植株应随干随收。

微课：胡萝卜生物学特性与品种类型

微课：胡萝卜种子生产技术

三、胡萝卜制种技术

胡萝卜成株采种，越冬前使直根充分长大，经选择淘汰后入窖贮藏越冬，翌年春定植于露地采种。胡萝卜是异花授粉作物，为保证种子纯度，制种时需 2 000 m 的隔离区。制种技术要点如下。

（一）播种育苗

1. 整地

选择土层深厚、土质疏松、排灌良好的沙壤土或壤土，把过磷酸钙捣细，与硫酸钾一起掺到有机肥中，每公顷均匀撒施优质腐熟的土杂肥 37.5～45 t、尿素 75～150 kg、过磷酸钙 375 kg、硫酸钾 150 kg，耕翻整平，做成 80 cm 宽、8～10 cm 高的小高畦。平畦播种，做成 1.2 m 宽的平畦。

2. 播种

条播，将小高畦顶部拉平，均匀划出深 3～4 cm 的小沟 4 条，浇足水，条播，封土（天旱时可适当踏实）。其上盖上秸秆或遮阳网，出苗后揭去。平畦每畦均匀播 8 行，方法同上。

3. 间苗

分两次间苗，第一次在长出 2～3 片叶时，苗间距 3 cm；第二次在长出 6～7 片叶时，苗间距 12～15 cm（图 4-27）。

图 4-27　幼苗期

4. 除草

胡萝卜生长速度慢，要注意及时除草。

5. 病虫防治

生长期间应注意防治蚜虫、线虫及软腐病、斑点病、黑叶枯病等病虫害。

(二)种株选择和贮藏

1. 选种

10 月中下旬收获。收获时,选择符合本品种典型特征特性的种株,切去叶片,留 5～6 cm 长的叶柄待贮。

2. 贮藏

将选好的种株窖藏。入窖前可浅沟假植,气温降至 4～5 ℃时入窖。窖内多采用沙层堆积方式为主,即一层干净的细湿沙土一层胡萝卜,如此堆至 1 m 高左右。冬季贮藏适温为 1～3 ℃。

(三)种株定植及管理

1. 隔离

制种田周围 2 000 m 之内确保没有其他胡萝卜品种或野生胡萝卜,防止串粉,影响种子纯度。

2. 整地

选择通风、排灌方便、土质肥沃的沙壤土或壤土且没有线虫的田块,每公顷施 60 t 优质腐熟圈肥,并适当增施磷钾肥作基肥,精耕细作,整平土地。

3. 定植

4 月中下旬土壤化冻、土温上升到 8～10 ℃时栽植。栽前再进行一次选择,除去贮藏期间受损害的种株,并去掉不符合品种特点的植株(最好假植一段时间后再定植)。定植时按生产田的要求整地,做成平畦,按 85 cm 的行距开沟,沟里按 40 cm 的株距栽植。栽深以顶部与地面平或稍低于地面为好,栽后埋严,将种株四周踏实,植株顶部培土 3 cm 左右。

4. 田间管理

(1)中耕　定植后至开花前,应注意中耕除草。

(2)肥水管理　前期供水要少,以防降低地温。随着植株生长,温度提高,供水要及时,但供水不要过大,以防徒长。每次浇水后 2～3 d 要中耕。胡萝卜花期长(图 4-28),除基肥外,要在初花期及末花期进行追肥,每公顷追三元复合肥 300 kg。末花期控制浇水(图 4-29)。

图 4-28　胡萝卜盛花期

图 4-29　结实后花球翻卷

(3)培土、支架　胡萝卜花茎较高,为防倒伏,中耕时及时培土,并支架以防倒伏。

(4)打杈　胡萝卜分枝多,为使养分集中,种子饱满,熟期一致,每株主枝长到 30～40 cm 时打顶,促使侧枝生长。以后每株只留 8～10 个一级侧枝,每个侧枝留 1 个花序。

(5)病虫防治　抽薹后应注意蚜虫及病害的防治。

(四)收获

7月上旬,当花序由绿变褐、外缘向里翻卷时分期收获,放在通风处风干后熟2～3 d后脱粒(图4-30)。方法是:将后熟的花序放在垫布上,用手将花序上的种子搓下。不能用木棒或机械碾打,以防敲碎的秸秆与种子混合造成清选困难。脱粒后的种子不能直接放在水泥地上晾晒,以防地面温度高影响发芽率(图4-31)。

图4-30　胡萝卜种子成熟

图4-31　胡萝卜种子

四、十字花科蔬菜制种技术概述

十字花科蔬菜主要包括结球大白菜、普通白菜、甘蓝、花椰菜、芥菜、萝卜等,其中结球大白菜、普通白菜、甘蓝、萝卜供应时间长,种植面积大,每年需种量较大。

十字花科蔬菜杂种优势明显,生产中杂交种利用率较高,尤其是大白菜,目前生产中使用的新品种均为一代杂种,是我国杂交优势利用取得成就最大的蔬菜作物之一。十字花科蔬菜一代杂种可以通过品种与品种、品种与自交系(不亲和系)、自交系(不亲和系)与自交系(不亲和系)、雄性不育系与品种、雄性不育系和自交系(亲和系)间的杂交获得。

(一)利用雄性不育系生产一代杂种种子

动画:萝卜自交不亲和

1. 亲本的保存与繁殖

亲本有雄性不育系、保持系及一代杂种的父本(品种或自交亲和系)。第一年秋天将3个亲本分别播种于各自的繁殖圃中,播期比大田晚7～10 d。秋末冬初收获种株时,选优去劣,分别收获,分别贮藏。第二年春天,将雄性不育系及其保持系定植到同一隔离区内,隔离距离为2 000 m以上,父母本的种植配比为:父本(保持系)∶母本(不育系)=1∶(3～4)(根据父本花粉量的多少确定),隔行定植使母本能充分授粉。种荚成熟时,在雄性不育系(母本)种株上收获的是雄性不育系种子,从保持系(父本)上收获的仍为保持系。其中雄性不育系大部分种子用于一代杂种生产时做母本,另一小部分继续用于雄性不育系的保存和繁殖。一代杂种的父本种根第二年春天定植到另一个隔离区内,隔离距离2 000 m以上,这样从该隔离区内父本种株上就可以收获到纯正的父本种子。

2. 一代杂种的制种

可以采用大株采种、小株采种法。

(1)大株采种法　在秋季播种母本雄性不育系和父本,在秋末冬初分别选择雄性不育系和一代杂种的父本种根，分别贮藏越冬，第二年春天定植到同一隔离区内，与其他品种隔离 2 000 m 以上，父母本种植配比为：父本∶母本＝1∶(3～4)，隔行定植，从母本上收获的种子是一代杂种种子，从父本上收获的仍然是父本种子。其他管理措施与萝卜成株制种技术相同。

(2)小株采种法　与萝卜春播小株采种技术相同。

(二)利用自交不亲和系生产一代杂种种子

1. 亲本的保存与繁殖

亲本有自交不亲和系和自交亲和系。第一年秋天将 2 个亲本分别播种于各自的繁殖圃中，播期比大田晚 7～10 d。秋末冬初收获种株时，选优去劣，分别收获，分别贮藏。第二年春天，将双亲分别定植到不同隔离区内，隔离距离为 2 000 m 以上，亲和系自交获得大量自交亲和系种子；自交不亲和系在开花期用 0.4%的盐水处理，隔一天喷一次，以克服自交不亲和性，并人工摇动花枝使花粉充分落在柱头上进行自交，获得自交不亲和系种子。也可以采用蕾期人工剥蕾授粉的方法获得自交不亲和系种子。

2. 一代杂种的制种

组配方法有自交不亲和系×自交亲和系或自交不亲和系×自交不亲和系。由于采用第二种方法组配时，双亲上采收的种子均为杂种一代，杂交种的种子产量比第一种组配法高 1/4～1/3，是目前常用的方法。自交不亲和系×自交亲和系组配生产杂种一代时，是以自交不亲和系为母本，自交亲和系为父本，父母本的比例一般是 1∶(3～4)，从母本上采得的种子即为杂种一代。自交不亲和系×自交不亲和系组配生产杂种一代时，当正反交后代表现一致时双亲比例一般为 1∶1，从双亲上采得的种子均为杂交种子。

【课外阅读】

1. 参阅相关资料，了解国内外萝卜种子生产发展前景。
2. 参阅相关资料，了解萝卜杂交种子生产。

【课后作业】

1. 分别研究制定萝卜不同采种方式种子生产技术规程。
2. 调查影响萝卜杂交种子生产效益的原因，并提出可行的改进建议。

【实训工作过程作业记录单】

<table>
<tr><td colspan="7">萝卜制种亲本发放单</td></tr>
<tr><td>编号</td><td colspan="3"></td><td>制种地点</td><td colspan="2"></td></tr>
<tr><td>序号</td><td>品种(代号)</td><td>地号</td><td>面积</td><td>原种数量(kg)</td><td>户主签名</td><td>备注</td></tr>
<tr><td></td><td></td><td></td><td></td><td></td><td></td><td></td></tr>
<tr><td colspan="7">填表人　　　　　　　　　　　　　　　　年　月　日</td></tr>
</table>

<table>
<tr><td colspan="8">萝卜制种田间管理档案记载表</td></tr>
<tr><td>合同户编号</td><td colspan="3"></td><td colspan="2">户主姓名</td><td colspan="2"></td></tr>
<tr><td>地块名称（编号）</td><td colspan="3"></td><td colspan="2">制种面积（hm^2）</td><td colspan="2"></td></tr>
<tr><td>前茬</td><td colspan="7"></td></tr>
<tr><td>整地情况</td><td colspan="7"></td></tr>
<tr><td>基肥施用</td><td>种类</td><td colspan="2"></td><td>数量（kg/hm^2）</td><td colspan="3"></td></tr>
<tr><td>播期</td><td></td><td>播量（kg）</td><td></td><td>行距（cm）</td><td></td><td>出苗期</td><td></td></tr>
<tr><td>幼苗特征</td><td colspan="7"></td></tr>
<tr><td>间定苗</td><td>时间</td><td colspan="2"></td><td>株距</td><td colspan="3"></td></tr>
<tr><td rowspan="2">追肥</td><td>日期</td><td></td><td>种类</td><td colspan="2"></td><td>施肥量（kg/hm^2）</td><td></td></tr>
<tr><td>日期</td><td></td><td>种类</td><td colspan="2"></td><td>施肥量（kg/hm^2）</td><td></td></tr>
<tr><td rowspan="3">灌溉</td><td>日期</td><td colspan="3"></td><td>灌量（m^3）</td><td colspan="2"></td></tr>
<tr><td>日期</td><td colspan="3"></td><td>灌量（m^3）</td><td colspan="2"></td></tr>
<tr><td>日期</td><td colspan="3"></td><td>灌量（m^3）</td><td colspan="2"></td></tr>
<tr><td rowspan="2">病虫害防治</td><td>种类</td><td></td><td>防治方法</td><td colspan="4"></td></tr>
<tr><td>种类</td><td></td><td>防治方法</td><td colspan="4"></td></tr>
<tr><td>种株采收</td><td>日期</td><td colspan="2"></td><td>贮藏时间</td><td colspan="3"></td></tr>
<tr><td>种株定植</td><td>日期</td><td colspan="2"></td><td>行距（cm）</td><td></td><td>株距（cm）</td><td></td></tr>
<tr><td rowspan="2">追肥</td><td>日期</td><td></td><td>种类</td><td colspan="2"></td><td>施肥量（kg/hm^2）</td><td></td></tr>
<tr><td>日期</td><td></td><td>种类</td><td colspan="2"></td><td>施肥量（kg/hm^2）</td><td></td></tr>
<tr><td rowspan="4">灌溉</td><td>日期</td><td colspan="3"></td><td>灌量（m^3）</td><td colspan="2"></td></tr>
<tr><td>日期</td><td colspan="3"></td><td>灌量（m^3）</td><td colspan="2"></td></tr>
<tr><td>日期</td><td colspan="3"></td><td>灌量（m^3）</td><td colspan="2"></td></tr>
<tr><td>日期</td><td colspan="3"></td><td>灌量（m^3）</td><td colspan="2"></td></tr>
<tr><td>抽薹日期</td><td></td><td colspan="2"></td><td>开花日期</td><td colspan="3"></td></tr>
<tr><td>估产</td><td>日期</td><td colspan="2"></td><td>产量（kg）</td><td colspan="3"></td></tr>
<tr><td>采收</td><td>日期</td><td colspan="2"></td><td>打籽时间</td><td colspan="3"></td></tr>
<tr><td>种子晾晒</td><td>日期</td><td></td><td>清选日期</td><td></td><td></td><td>实际产量（kg）</td><td></td></tr>
</table>

萝卜制种去杂去劣档案记载表

检验时期	被检株数	杂株数	纯度(%)	出现的问题及解决措施
苗期				
种株采收				
种株定植				
开花期				

种子检验收购档案记载表

种子质量检验结果	发芽率(%)		水分(%)		净度(%)		纯度(%)	
种子收购	日期		重量(kg)		单价(元)		总价(元)	

项目五

大葱种子生产

大葱原产于我国西北及与我国相邻的中亚地区，在我国有 3 000 余年栽培历史，是我国栽培最早的蔬菜之一。我国是大葱栽培面积最大的国家，也是世界上大葱出口最多的国家。由于大葱产业的发展，对大葱种子的需求也日益增多，使大葱种子培育、生产日趋紧迫。我国大葱制种目前主要是常规品种种子的生产，在空间隔离的基础上做好去杂去劣即可，种子生产技术相对简单，但是种子生产周期长，成本高。

【知识目标】

1.熟知大葱形态特征与生长发育规律。

2.掌握大葱生长发育周期及对环境条件的要求。

3.掌握大葱制种基地的选择、落实的方法。

4.熟知大葱种子生产一般过程及技术要求。

5.熟知大葱种子质量要求及防杂保纯的方法。

6.知道大葱种子生产过程中工作质量检查的时期、内容和要求。

【技能目标】

1.能够依据生产种子类型要求及当地大葱品种特性和企业制种计划，选择、落实制种基地，与农户签订制种合同，及时准确发放亲本种子。

2.学会大葱种子生产苗床准备、播种育苗、幼苗越冬管理、病虫害防治等工作。

3.能准确识别大葱的长势、长相类型、抗病性等品种间特征特性的差异，在制种工作中合理安排、管理，指导制种农户开展田间去杂去劣工作和种子的采收工作，保证制种产量和质量。

【素质目标】

1.热爱“三农”，助力乡村振兴：通过西甜瓜种子生产学习、实践，培养学生的“三农”情怀，践行“五爱”，具备艰苦奋斗、吃苦耐劳、乐业奉献的“种子精神”，助力区域乡村振兴。

2.质量意识、劳动精神培养：通过项目实施，理实一体，边干边学，培养学生具有质量意识、环保意识、安全意识和创新思维，具备乐于奉献、艰苦奋斗、吃苦耐劳的精神；树立和弘扬劳动精神，具有精益求精的工匠精神。

3.可持续发展能力及知识综合应用能力：通过课前、课中、课后学习活动培养学生具有探究学习、终身学习和可持续发展的能力，具有整合知识和综合运用知识发现问题、分析问题和解决问题的能力。

4.信息化应用能力培养：通过学习在线开放课程并发表评论，让学生掌握获取学习资源的途径，具备沟通协作能力和一定的信息素养及自主学习能力。

任务一　育苗及幼苗管理

微课：大葱种子生产技术

一、工作任务与要求

根据品种特征特性和当地的气候条件，选择适宜的制种地块，指导农户适时播种育苗，检查播种质量，开展幼苗管理，保证苗齐苗壮。

二、工作程序与方法

苗床准备	**整地做畦**：选择与葱蒜类轮作3年以上、背风、向阳、平整、肥沃的田块，施足底肥，做成小畦待播。大葱幼苗期较长，要求施足底肥，每公顷施腐熟的有机肥30～45 t，施尿素112.5 kg、磷酸二铵75 kg、硫酸钾150 kg或施有机无机复合肥1 200 kg，撒均匀，耕深耙细，做到土壤上虚下实。 **土壤处理**：为了防止苗期杂草过多，可在播种后出苗前按每公顷畦面用33%除草通乳油1.5 L兑水900～1 200 kg喷洒畦面，可减少杂草70%左右。
播种	**播种时期**：大葱是绿体通过春化的植物，秋播时间要求严格，要求从播种到越冬停止生长前有45～50 d的生长时间。具体播种时间根据当地气候条件和所繁种子特点，适时播种，新疆各地原种一般在9月中旬至10月初播种，良种一般于3月初在温室或大棚苗床播种。 **种子处理**：播前将种子用0.2%的高锰酸钾溶液浸泡20～30 min，再用清水漂洗干净，可杀死附着在种子表面的病菌。 **播量**：采用当年发芽率高的新种子播种，用种量为15～22.5 kg/hm^2。 **播种方法**：大葱育苗常用撒播法。播前进行种子消毒处理和浸种，将苗床浇透水，待水下渗后播种，为了提高播种质量，可用凉水漂去秕子和杂质，捞出后稍晾，将种子与细土按1∶30的比例拌匀，按畦数分成若干份均匀撒在床面上，播后覆土1.5～2 cm，保持畦面湿润。
苗期管理	**水肥管理**：小苗出齐后，保持畦面不板结，控制水肥，主要管理任务是中耕除草，让幼苗生长健壮；土壤封冻前浇冻水，之后在苗床上撒一层1～2 cm厚的麦秸或马粪以利幼苗安全越冬。 **越冬幼苗标准**：平均单株高10 cm左右，两叶一心，幼苗茎基部直径0.30 cm左右，确保安全越冬。

三、常见技术问题处理

如何确定大葱育苗畦大小？

大葱在3叶期怕水，根据这一特点应做成小畦，苗畦适宜做平畦，宽1.2～1.7 m，长6～7 m，以方便浇灌排水，人工除草等工作。

任务二 种株栽培管理

一、工作任务与要求

根据大葱采种对隔离区及土壤的要求，选择适宜的采种田，及时整地、施肥，确定适宜的定植时期，按照技术规程开展种株定植、管理，保证种株成活，结合定植去杂去劣，开展田间管理，做好水肥管理、培土、病虫害防治和越冬管理等工作，保证种株生长健壮，为来年采种奠定基础。在工作中培养吃苦耐劳、科学严谨、精益求精的工作态度。

二、工作程序与方法

返青管理	**浇水施肥**：春天土壤解冻后要及时中耕封土。葱苗返青后浇返青水，但返青水不宜太早，以免降低地温。随气温增高增加浇水次数及灌水量，结合浇水追肥 2～3 次，每公顷追三元素复合肥 450 kg，随后浇水、松土，5 月份是葱苗生长旺盛期，也是培育壮苗的关键时期，结合浇水每公顷施尿素 300 kg，移栽前 20 d 左右控制水肥进行幼苗锻炼，进行蹲苗以获得壮苗。定植前 1～2 d 浇小水润畦以利起苗。 **间定苗**：苗高 15～20 cm 时进行间苗、疏苗、补苗，保持苗间距 4～7 cm，每公顷留苗 375 万株左右。
选地整地	**选地**：采种田应选择土壤肥沃、保水保肥力强、排灌方便、与葱蒜类蔬菜轮作 3 年以上的土地。为确保种子纯度，采种田要做好隔离工作，一般原种生产隔离距离不小于 2 000 m，良种生产隔离距离不小于 1 000 m。在其周围不应再安排其他大葱品种和洋葱的采种田，避免病虫害传播及相互串粉。尽量远离公路，以防尘土飞扬，影响花粉传播与授粉。 **整地**：在前茬作物收获后，立即清除枯枝落叶和杂草，每公顷施腐熟的有机肥 30～45 t、尿素 150 kg、磷酸二铵 150 kg、硫酸钾 150 kg 进行深翻，使土肥充分混合，耙平后开沟。开沟方向以南北向为好，使受光均匀。按 50～65 cm 行距开沟，沟深 15～20 cm，宽 15 cm，沟内施肥后刨松即可定植。
去杂去劣	结合起苗、定植，根据植株长势、叶形、叶色、叶片生长方式等，剔除被病虫侵害苗、细弱苗、畸形苗、伤残苗及不具有品种特征的苗。
定植	**时间**：秋播大葱于 5 月下旬至 6 月初定植，春播大葱于 6 月中旬至 7 月上旬定植。在定植适期内争取早整地、早栽苗。 **起苗选苗**：起苗前 1 d 苗床要浇水，起苗后抖净泥土，选苗分级，剔除病、弱、伤、残和分枝苗，分开大、中、小三级，分别栽植。栽苗时大苗略稀、小苗略密，起苗同时选苗，运到即栽，使伤根少，易缓苗。葱苗起出来未能及时栽苗或当天栽不完的，宜根朝下立放于阴凉处，防止秧苗发热、捂黄或腐烂。 **定植**：采用排葱法，将经过选择和分级的葱苗按 4～6 cm 株距在预先开好的较陡的沟壁一侧摆好，将根部按入沟底松土内，用锄从沟的另一侧埋土，以不埋没葱心为宜，踩实，然后顺沟灌水。
浇水追肥	定植初期浇小水以利缓苗，之后控制浇水促进生根，大葱进入旺盛生长期后加强浇水施肥，以有机肥为主，配合追施速效氮肥，并结合培土促进葱白生长，越冬前浇冻水，以利成株越冬。

续表

培土	根据大葱长势，适期培土 2～3 次，每次培土以不超过葱心为标准。
去杂去劣	植株旺长时选择生长势强、植株高大、葱白长而粗壮、上下一致、叶片直立、叶肉肥厚、不分蘖、不抽薹、抗倒伏、抗病性强、具有本品种特征的单株，不符合标准的植株及时拔除。
病虫害防治	大葱制种要特别注意防治病害，及时发现，及时防除，为避免害虫产生抗药性，要注意交替使用农药品种。
越冬管理	生产原原种或原种的需要将大葱挖出，根据葱白特征进行株选，生产良种可以就地越冬，不需要采挖贮藏，越冬前浇冻水并追施少量养根肥后任其自然越冬。

三、常见技术问题处理

大葱成株如何进行水肥管理？

葱苗从定植到 8 月上旬，植株逐渐缓苗，这一时间应控制浇水，让根系更新，并注意雨后排水，防止雨水灌沟淤塞葱眼，根系缺氧引起腐烂；到 8 月上中旬大葱开始缓慢生长；移植前期底肥可供给足够的营养，不需追肥，这一时期的重点是中耕除草，遇到特殊干旱的气候时适量浇水；从 8 月中下旬到 10 月初，天气转凉，天气晴朗，大葱进入旺盛生长期，是管理的关键时期，应进行 1～2 次施肥和浇水，每公顷施尿素 150 kg、磷酸二铵 75 kg、硫酸 150 kg。结合施肥于葱行两侧进行一次中耕培土，促进葱苗健壮生长(图 5-1)；11 月上旬浇越冬水。

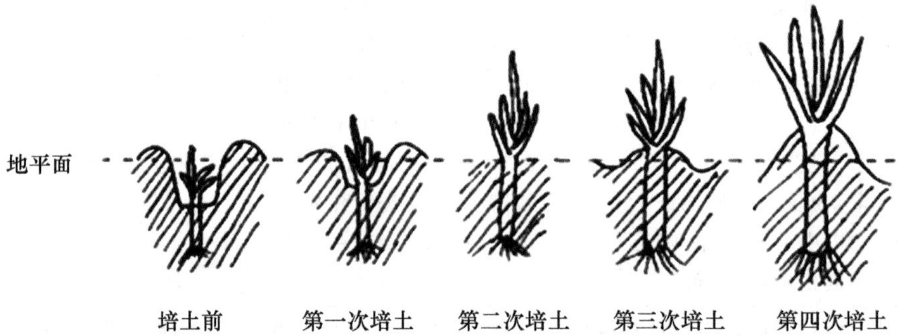

图 5-1　大葱培土过程

任务三　采　　种

一、工作任务与要求

组织农户及时开展种株返青管理，及时中耕松土、浇水施肥，剔除病虫株、杂株劣株。抽薹、开花时根据花薹、花色等性状严格去杂，并做好防倒伏、放蜂和病虫害防治等工作，保证制种产量和质量。组织农户及时收获种球，并进行晾晒、脱粒和清选，及时开展种子质量检验工作并进行收购。在工作中注重培养吃苦耐劳、科学严谨、精益求精的工作态度。

二、工作程序与方法

返青管理	**田间清理**：返青前将大葱地上部分残枝败叶割除，并清理干净。 **水肥管理**：3 月下旬葱苗返青后浇一次水，浇水时选择气温较高的晴朗天气，随水每公顷追尿素 150 kg、磷酸二铵 75 kg，浇水后及时中耕，以提高地温，促壮苗稳发。当气温升至 10 ℃以上时，结合培土浇水，追施硫酸钾 600 kg，尿素 450 kg。植株开始抽薹时控制浇水，免得花薹徒长倒伏，为了防止花薹倒伏可培一次土；大葱在开花和灌浆时需水肥较多，需浇 1～2 次水，并随水每公顷施尿素 225 kg、磷酸二铵 75 kg、硫酸钾 75 kg，或叶面喷施浓度 2 mg/kg 的磷酸二氢钾溶液 1～2 次，促进籽粒饱满。种子成熟时尽量不浇水，确实因干旱需要浇水时应浇小水，并选择无风的晴天。
去杂去劣	种株春季返青后，剔除返青迟、腐烂、受冻、发病的异常母株。现蕾后去杂去劣，去除分蘖株、异形株、病残株。开花后依据花色、花薹高低等性状去除与品种不符的单株。
辅助授粉	**辅助授粉**：大葱为异花授粉作物，主要传粉媒介为蜜蜂。如蜜蜂较少时，可进行人工辅助授粉，方法是在盛花期于温暖晴天 8:00—10:00 和 16:00—18:00 用鸡毛掸子辅助授粉，也可戴新棉手套抚摸花朵，每天坚持一次，一般 5 d 即可。 **放蜂**：每公顷放蜂 15～30 箱可有效提高种子产量。
病虫害防治	在高温高湿季节应注意大葱灰霉病、紫斑病等病害的防治，及时发现，及时防治。
防倒伏	5 月下旬花球逐渐增重，如遇大风，花薹易倒折造成减产，要搭建支架或拉线防止植株倒伏。
收获	**采收时间**：分批采收，大葱盛花期后 20 d 左右，当花球顶部 1/3 蒴果变黄开裂、种子还未散落时，为采收适期。采收前预先在田间进行一次详细的去杂。每天的早晨和傍晚进行采收，可防止葱籽散落。 **采收方法**：用剪刀将整个花球剪下，采种球时一定要连带 8～10 cm 的主茎，以促进种子后熟，提高发芽率。 **晾晒**：种球采收后置于通风干燥的阴凉处后熟几天再晾晒脱粒，让其自然风干，晾晒可将花球放在草席或篷布上，切勿在烈日下特别是水泥地上暴晒。 **清选**：当种子(水分下降到 8%)晒干后风选去除种皮、花梗，不得用水漂淘，否则种子将失去应有的光泽。脱粒种子去杂物后再稍晾晒，装入布袋于低温干燥处贮藏。贮藏期间要防鼠、防潮、防热，以保证种子发芽率。成株采种一般产种 900～1 050 kg/hm^2，半成株采种产种 750～900 kg/hm^2。
检验交售	**检验**：大葱定型品种的原种，要求品种纯度不低于 99%，种子净度不低于 99%，种子发芽率不低于 93%，种子含水量不高于 10%。一、二、三级良种的品种纯度分别不低于 97%、92%、85%，种子净度分别不低于 99%、97%、95%，种子发芽率分别不低于 93%、85%、75%，种子含水量都不高于 10%。 不同品种要单装、单收，经常查看，防止种子混杂、霉变。 **交售**：合格种子及时收购，防止套购流失。

三、常见技术问题处理

1. 如何防止花薹倒伏？

大葱往往因风害发生倒伏或花茎折断，特别是结实期因种球重量加大更易折断，严重影响种子的产量和种子的成熟度。防止花薹倒伏的措施主要是：控制浇水，控制种株徒长；适时培土；在垄两头埋设立柱，系以绳索夹持种株(图 5-2)。

图 5-2 大葱拉绳防倒伏

2. 病害防治技术

(1)大葱紫斑病　主要发生在叶片和花梗上，初期病斑小，灰色至淡褐色，中央微紫色。其上有黑色煤污点状物。病斑很快扩大为椭圆或纺锤形，凹陷，暗紫色，常形成同心轮纹。病斑常扩大到全叶，或绕花梗一周，使花梗和叶倒折。

防治方法：及时清除田间病残体；发病初期，喷洒 75％百菌清可湿性粉剂 500 倍液，或 70％代森锰锌可湿性粉剂 500 倍液，或 58％甲霜灵·锰锌可湿性粉剂 500 倍液，每隔 7 d 喷施 1 次，连续防治 3～4 次，均有较好的效果。

(2)大葱黑斑病　又称大葱叶枯病，主要为害叶和花梗，发病初期出现黄白色长圆形病斑，而后迅速向上、下扩展，呈梭形，黑褐色，边缘有黄色晕圈，病斑上略显轮纹。后期病斑上密生黑色绒状霉层。该病常与紫斑病混合发生。

防治方法：重病地与非葱蒜类作物进行 2～3 年轮作；合理密植，在发病早期及时摘除老叶、病叶或拔除病株；使用腐熟有机肥，高温阶段切勿大水漫灌；在发病初期用 58％甲霜灵·锰锌可湿性粉剂 800 倍液，或 70％代森锰锌可湿性粉剂 600 倍液喷雾，每 10 d 喷 1 次，连喷 2～3 次。

(3)大葱灰霉病　叶片上出现白色至浅灰褐色小斑点，扩大后成为梭形至长椭圆形，病斑长度可达 1～5 mm，潮湿时病斑上生有灰褐色绒毛状霉层。

防治方法：病地应实行轮作，收获后要彻底清除病残体；雨季及时排水，防止田间积水；发病初期用 40％灰霉菌核净悬浮剂 1 200 倍液，或咪鲜胺(使百克)乳油 2 000 倍液，或 50％腐霉利可湿性粉剂 1 500 倍液等药剂喷雾防治，每 7 d 喷药 1 次，连续防治 2～3 次。

【理论基础】

微课：大葱形态特征及品种类型

一、形态特征与生长发育规律

(一)根

大葱的根为白色弦线状须根，着生在短缩茎上(图 5-3)。粗度均匀，分生侧根少。根的数量、长度和粗度，随发生叶数的增多而不断增长。大葱生长盛期也是根系最发达的时期，数量多达 100 条以上，平均长达 30～40 cm，根群主要分布在 30 cm 土层内。大葱根毛较少，根系吸收能力较差，根系再生能力较弱，当发生根系被切断或脱离土壤时，老根的再生能力弱，很难发生侧根。大葱根系好气怕涝，生长要求土壤疏松肥沃，透气良好。

(二)茎

大葱的茎为变态短缩茎，营养生长期间，短缩茎成圆锥形，黄白色，其上着生多层管状叶鞘，下部密生须根。进入生殖生长期后，茎盘顶芽伸长成花茎(图 5-4)，中空，顶端形成花蕾，生产种子。顶端优势消除后，侧芽可萌发成分蘖。

(三)叶

大葱叶由管状叶身和筒状叶鞘两部分组成，是食用器官。新叶淡绿实心，成叶深绿长筒圆形，中空，表面有蜡质层，耐干燥(图 5-5)。

叶分化初期叶身比叶鞘的生长比重大，以后两个部分的比重逐渐接近。单个叶鞘为圆筒状，多层套生的叶鞘和内部包裹着的 4～6 个幼叶，组成棍棒状的假茎(葱白)。叶身管状、长圆锥形、中空、表层覆有白色蜡状物。且外部叶鞘具半革质膜，防止内部水分蒸发。

一般大葱营养生长期叶片 10～15 片，正常叶片寿命 40～50 d，品种类型不同，叶片展开度不同，叶间距有大有小，叶鞘口松紧程度也不同。叶片展开度越大，抗风能力越差，叶间距越大，葱白越长，但叶鞘口松弛，遇风易折断。

图 5-3　大葱的根

图 5-4　大葱花茎

图 5-5　大葱的叶

(四)花

花茎顶端着生伞形花序，花薹的粗度和高度因品种和营养生长情况而异。一般均为粗壮中空，直径 3～5 cm，高 40～60 cm。开花前花序藏于膜状总苞内(图 5-6)，伞形花序呈球形，内有小花 300～500 朵，多者 800 朵(图 5-7，图 5-8)。花为两性，萼片、花瓣各 3 枚，雄蕊 6 枚，雌蕊 1 枚，柱头成熟时高于花药，成熟时间晚于花药 1～2 d，子房上位，3 心室，每心室结种子 2 枚。异花授粉，虫媒花，风也能传粉。

图 5-6　膜状总苞

图 5-7　膜状总苞开裂

图 5-8　伞形花序

(五)果实

蒴果，成熟后开裂，种子易脱落，每果含种子 6 粒(图 5-9)。

(六)种子

种子盾形，内侧有棱，稍扁平，黑色，种皮表面有较多不规则皱纹，脐部凹陷，千粒重 2.4～

3.4 g，常温下种子寿命 2 年，栽培上应选用当年新种子。每花球可采收种子 350～550 粒，花球大小和植株大小、生产管理措施有关。种子产量与种植密度、花球大小、授粉好坏有关（图 5-10）。

图 5-9 大葱果实

图 5-10 大葱种子

二、生长发育周期

大葱为二年生蔬菜，整个生活周期分成营养生长和生殖生长两个生育时期。

（一）营养生长阶段

从种子萌发到花芽分化为营养生长时期，一般此期可发生 30 个以上叶，但全株最多保持 6～8 叶。

1. 发芽期

从播种到子叶出土直沟，在适宜的条件下，需 7～10 d。为加速种子发芽与出土，此期需要较高的温度和湿度条件。

2. 幼苗期

从直沟到定植，春播的幼苗期一般为 80～90 d；秋播育苗要等到第二年夏季才能定植，因此秋播的幼苗生长期长达 8～9 个月，生产上要求播种畦面湿润，以利幼苗生长。一般冬前苗期有效生长时间不宜超过 30 d，叶数少于 3 个，最好“两叶一心”。返青后的旺长期是肥水管理的重要时期。

3. 葱白形成期

从定植到大葱冬前收获，一般需要 120～140 d。大葱生长适温 20～25 ℃，此期是产量形成的关键时期，也是水肥管理、中耕培土、软化葱白的关键时期。分 3 个阶段。

（1）缓苗越夏阶段　定植后原有根系再生力很弱，需发生新根才能恢复生长。缓苗期约需 10 d，以后经较短的炎夏即进入下一阶段。

（2）葱株旺盛生长阶段　缓苗后，在日均温 13 ℃以上、25 ℃以下条件下，植株生长旺盛。叶寿命延长，有效叶 6～8 个，叶重依次增加。初以叶身增重为主，之后叶鞘增重比例加大。

（3）假茎充实阶段　大葱遇到适宜的温度条件（一般白露前后）进入葱白形成盛期，以后叶身及外部叶鞘的养分向内转移，充实假茎。

（二）生殖生长阶段

在休眠期通过低温春化，形成花芽，在高温长日照下进入抽薹、开花、种子成熟。

1. 返青期

春季气温达到 7 ℃以上时，植株开始返青生长，直至花薹露出叶鞘，此期为返青期，30～40 d。返青期在大葱茎盘上分化出花芽后就不再分化新叶，因此在生产中要注意保护已有的功能叶。此期应及时浇返青水，追施提苗肥，及时中耕、除草、培土，促进根系发育。

2. 抽薹期

从花薹顶部的花苞露出叶鞘到花薹长成、花苞破裂为止，一般为 10～15 d，主要进行花器官的发育。花薹绿色，具较强的光合作用能力，种株开花结实期间 80%同化物由花薹制造、提供，对种子产量影响极大。此期应适当控水控肥，避免花薹徒长，遇风倒伏折断，影响种子产量。

3. 开花期

花球总苞破裂，小花由中央向四周依次开放，至开花结束为开花期。一朵花的花期为 2～3 d，一个花球的花期约为 15 d。开花期的长短与品种、种株大小和花期温度高低有关。种株大，则花球大，花数多，花期长，花期适温是 16～20 ℃，温度高则开花进程快，花期短。此期是提高大葱种子产量的关键时期，应尽可能创造条件促其充分授粉。

4. 结籽期

从谢花到种子成熟为结籽期。同一花球中不同位置的小花开放时间有先后，种子成熟时间也不一致，开花较早的，从开花到成熟需 30 d，后期温度高，种子发育快，约需 20 d，但饱满度较差。此期是提高种子千粒重的关键时期，管理上应以保护和延长功能叶寿命为主，可浇小水，随水冲施速效钾肥营养液。当花球上部有 1/3 蒴果开裂露出黑色的种子时及时采收(图 5-11)。

图 5-11　开花结实

三、对环境条件的要求

(一)温度

微课：大葱生育周期及对环境条件的要求

大葱对温度的适应范围较广，在凉爽的气候条件下营养生长表现好，同时又具有较强的耐寒性和耐热性，种子发芽的最低温度是 4 ℃，最适温度是 13～20 ℃，低于 4 ℃或高于 33 ℃种子不发芽。植株营养生长的适温范围为 18～25 ℃，低于 10 ℃生长缓慢，高于 25 ℃生长细弱，容易发病，超过 33 ℃以上时植株处于半休眠状态。大葱耐寒性极强，植株在幼苗期和葱白形成期的可忍耐－20 ℃以下的低温，一些极耐寒品种在－30 ℃的高寒地区也可露地安全越冬。生殖生长适温 15～22 ℃。大葱是绿体春化型蔬菜，在植株长 3 片以上真叶、0～7 ℃以下的低温条件下，经 15 d 以上即可通过春化，幼苗生长点转化为花芽。育苗期间，如果苗床的肥水充足，越冬苗偏大，即使是适期播种翌年也会发生部分未熟抽薹。

（二）光照

大葱为中等光强作物，光饱和点较低，光饱和点为 25 000 lx，光补偿点为 1 200 lx。光照不足影响营养物质合成与积累，叶片易黄化，植株生长细弱，产量低。假茎的生长需要在黑暗条件下，葱白洁白脆嫩，在生产上多采用培土软化的方法，使葱长而结实，提高大葱的产量。

长日照是诱导大葱花芽分化的必要条件，当大葱通过春化阶段，再经过 12～14 h 以上长日照才能抽薹开花。不同品种对日照长度反应不同，有些品种在通过春化后，无论长日照还是短日照都能抽薹开花。

（三）水分

大葱对水分反应特点为耐旱不耐涝。在生长期间要求较高的土壤湿度和较低的空气湿度，适宜的空气相对湿度为 60%～70%，湿度过大易引发病害。不同生育期对水分的需求也不同，发芽期、定植缓苗期、返青期及葱白形成期要保持土壤湿润。大葱整个生长期都怕涝，生产时要及时排水防涝，避免积水烂根。

（四）土壤及营养

大葱对土壤的适应性广，但以土层深厚、排水良好、疏松肥沃的壤土为好。土壤 pH 7.0～7.4 为宜。

大葱喜肥耐肥，要求氮、磷、钾齐全。每生产 1 000 kg 大葱，吸收的氮磷钾为 5.4∶1∶6.6，施肥以有机肥为主，以后分期追施速效肥料。生长期间追施钙、镁、硼等微量元素可促进大葱生长、发育。

四、大葱的品种类型

我国葱品种资源十分丰富，其中除栽培普遍的普通大葱外，还有分蘖大葱、楼葱、韭葱、胡葱、细香葱等。其中普通大葱在我国栽培最广泛，植株高大，抽薹前不分蘖，按葱白形态又可以分为长葱白、短葱白和鸡腿葱 3 种类型。

1. 长葱白类型

相邻叶间距离较长，一般相隔 2～3 cm，叶片夹角较小，一般小于 90°，葱白长，粗细均匀，葱白高度大于株高 1/3，长与粗之比在 12 以上，全株高 1.3m 以上，独棵不分蘖。叶片 4～6 片，叶鞘口松弛，防风能力差，产量高。含水量高，味道甜辣，不耐冬季自然条件下贮藏（图 5-12）。如章丘大葱、盖州大葱、北京高脚白、赤水孤葱等。

2. 短葱白类型

葱白粗壮，上下粗度均匀，基部略膨大，长粗比在 10 左右。叶间距较近，一般 1.5～2 cm，叶片开张度较大，一般大于 90°，叶鞘口紧实，叶身短粗，叶片 6～8 片，叶肉厚，叶表蜡质厚，抗风、抗病虫害能力强，耐贮运（图 5-13）。味道辛辣、香味浓。如寿光八叶齐、西安竹节葱等。

3. 鸡腿葱类型

基部膨大呈鸡腿状，长粗比在 10 以下，植株瘦小细长，葱白细小，外层显浅红色或浅黄色。葱叶细小，叶片 4～6 片，生长缓慢产量低，葱白坚实，耐贮性极强，味道辛辣芳香，耐自然条件下冬贮（图 5-14）。如隆尧鸡腿葱、莱芜鸡腿葱、大名鸡腿葱等。

图 5-12　长葱白类型

图 5-13　短葱白类型

图 5-14　鸡腿葱类型

五、大葱采种方式

大葱为异花授粉作物，杂交频率极高，在留种时必须采取严格的隔离措施，一般原种必须有 2 000 m 的隔离区，良种至少 1 000 m 以上的隔离区。大葱原种和常规品种良种种子生产采用成株采种法、半成株采种法等，杂交种子生产一般采用三系配套采种技术。

(一)成株采种法

成株采种法也叫大株采种法。前一年秋季播种育苗，第二年 6 月初定植于大田，定植前严格去杂去劣，定植后进行浇水施肥和中耕培土，生产期间不断淘汰杂株、病虫株等，入冬前进行采挖，淘汰病虫株、畸形株、分蘖株等，选择假茎肥厚、坚实、叶短壮紧密，不分杈的大葱做种株，放在向阳通风处晾晒后进一步精选，每 10～20 棵捆成一捆，在干燥阴凉处挖 20～30 cm 深土沟，将大葱根部向下整齐排列于沟内，四周用土围好假植，来年春季定植前 10 d 从沟内取出种株，淘汰腐烂种株，从距茎基部 20～25 cm 处切掉上部假茎以利抽薹，放在向阳处晾晒至心叶长 5 cm 时，选择晴天开沟定植于隔离区内(隔离 2 000 m)。抽薹开花时再进行去杂去劣，做好水肥管理和防倒伏工作，进行采种。成株采种种株生长时间长，植株粗壮，根系发达，花球大，种子饱满，产量高。但成株采种占地时间长，病虫害较重，生产成本较高，主要用于原原种、原种的采种。

(二)半成株采种法

半成株采种法是利用原种播种繁殖生产用种常用的方法。半成株采种是第一年 6 月中旬播种育苗，9 月上旬定植于隔离区内(隔离 1 000 m)，定植时去杂去劣，冬前使幼苗长至半成株，露地越冬通过春化，第二年抽薹开花，6 月中旬采种。半成株采种法从播种至收获种子需 12～13 个月，生产周期短、成本低，缺点是冬前营养体生长不够充分，产量较低，田间由于未经严格选择，易导致生物学混杂，种性退化，纯度降低。因此，生产上一般利用成株和半成株结合采种，即成株采种做原种，半成株采种繁殖生产用种。

(三)杂种一代种子生产

采用三系配套采种技术。

不育系和保持系繁殖采用成株采种法。前一年秋季分别育苗，来年 6 月按 2∶1 相间定植于隔离区内，种子成熟后分别采收种子，单独存放后熟，单独脱粒，单独贮藏，严防机械混杂。在另一隔离区内采用成株采种法繁育父本系。

杂种一代采用半成株采种法。6—7 月，将父本系与不育系以 1∶3 比例分别育苗，选择隔离区至少 1 000 m 的适宜地块相间定植，待花期结束拔除父本，在不育系上收到的种子即为杂种一代。

目前，生产原种大多采用成株采种法，生产良种大多采用半成株采种法。

【拓展知识】

一、葱蒜类蔬菜简介

（一）葱蒜类蔬菜的主要类型

葱蒜类蔬菜在我国栽培广泛，历史悠久。主要包括大葱、洋葱、韭菜、大蒜、分葱、韭葱等。植物学分类上都为百合科葱属的二年生或多年生植物。它们以膨大的鳞茎、假茎或嫩叶及花苔为食用器官，体内含有一种叫硫化丙烯的挥发性液体，具辛辣气味。

（二）葱蒜类蔬菜生物学及栽培管理共性

葱蒜类蔬菜原产于大陆性气候区，在生物学特性上和栽培管理上有如下共同点。

1. 植物学性状

根为须状根，根系不发达。叶片筒状中空或扁平带状，表面有蜡粉，水分不易蒸发，较耐干燥。除大蒜外，其他葱蒜类蔬菜均为伞形花序，完全花，虫媒花。蒴果，易开裂，种子黑色。

2. 对环境条件的要求及栽培管理共性

根群的分布范围较小，吸水能力较弱，喜湿。叶片表面有蜡粉，比较耐干燥，在生长盛期如能供给充足的水分，则产量和品质都能得到提高。

要求中等光强。叶片直立生长，叶面积小，适当密植是这类蔬菜提高单产的主要措施之一。其中韭菜等不仅要密植，而且要丛植才能高产。

对土壤的适应性强，但以表层疏松的土壤为好。因为疏松的土壤不仅有利于在葱等的软化栽培，也有利于洋葱、大蒜等鳞茎的膨大。

以采收叶片为目的的大葱、韭菜、青蒜等，需用较多的氮肥；以采收鳞茎为目的的洋葱、大蒜头等，除用适量氮肥外，还需多施磷、钾肥。

葱蒜类可适应的温度范围较大，南方露地可四季栽培，北方除严寒冬季外，也均能生长，有些种类（如大葱、韭菜乃至于大蒜）也可以露地越冬。且这一类蔬菜较耐储运，所以全年均有供应。

二、大葱品种提纯复壮技术

大葱属雌雄同花，易进行同株或非同株异花授粉，导致大葱种性退化，影响产量和品质。

（一）单株选择，自交制种

10 月中旬大葱收获时，从整齐度高、性状优良、符合本品种特性的丰产田中选择母株 500～1 000 株贮藏在温湿度适宜的窖中，第二年春季土壤化冻后按春栽法定植母株。即 4 月上旬按行距 60～70 cm、株距 8～10 cm 定植在沟中，培土灌水，以后加强田间管理，保证正常生长；当花球开放时，再选择 1 次，淘汰不良单株，摘除杂株花球，确保株选纯度。然后按株编号套袋，每株旁用竹杆支架，与纸袋固定在一起，以防风折。盛花期每天 8:00—9:00 用手摇动套袋花球，进行人工辅助授粉，提高结实率。6 月中下旬种子开始逐渐成熟，应分期采收，以花球上部种子开裂而不脱落为适宜采收期。采种时要认真细致，保证入选单株单收、单打、单藏(装上标签编号)。

(二)株行混选混交制种

7 月上旬选好留种田直播单选自交种，建立株行比较圃，留种田隔离区要在 2 000 m 以上，选择 3 年以上未种过葱蒜类作物的肥沃土壤，结合整地施有机肥 45 000 kg/hm^2 左右、过磷酸钙 525 kg/hm^2、硫酸钾 375 kg/hm^2。田间管理同大田。在株行比较圃内再进行多次选择，淘汰不良的株行，保留整齐度高、综合性状优良的株行田间越冬，第二年 6 月中下旬混合收种，即为提纯复壮的原种。

(三)繁殖生产用种

第一次提纯复壮的原种，留少部分播种育苗，并在下年继续从成株中进行株选，按上述程序再次提纯复壮，另一部分用半成株采种法繁殖生产用种。

三、大葱杂交制种技术

大葱的杂种优势利用是实现大葱高产稳产的重要途径。大葱杂交种(F_1)不论在产量还是抗性方面均有明显的杂种优势，特别是株间的一致性更受葱农的欢迎。实践发现提高杂交种(F_1)的种子产量是实现大葱杂种优势利用的关键问题之一。

(一)利用雄性不育系生产杂交种(F_1)的程序

利用雄性不育系生产杂交种需要建立 3 个繁育区，即不育系繁育区、父本系繁育区(有些作物称此系为恢复系，但商品大葱是以营养体为产品，不是以籽实为产品，因此大葱杂交种的父本不必具有恢复性。因此本文称杂交种的父本为父本系)和杂交种(F_1)制种区(图 5-15)。

不育系(A)×保持系(B)　　　　父本系
　　　↓　　　　　　　　　　　↓
　不育系(A)　　　　×　　　　父本系
　　　　　　　　　↓
　　　　　　　杂交种(F_1)

图 5-15　利用雄性不育系生产杂交种(F_1)的程序示意图

(二)杂交种(F_1)的亲本繁育

亲本的繁育必须采用成株采种，每代都必须进行严格的去杂去劣，防止种性退化和变异。

1. 不育系(A 系)的繁育

A 系不育性的保持是由其保持系(B 系)完成的，因此不育系的繁育有两个亲本即 A 系和 B 系。

(1)育苗　A 系和 B 系在育苗时必须分开播种，避免机械混杂，二者用种量(或播种面积)的比例应在 2∶1 左右。新疆秋季育苗播种期在 9 月中旬前后，春播应在 4 月上中旬。育苗田应选择旱能灌、涝能排的地块，播前要施足底肥，细致整地，采用撒播或条播均可。出芽率 85%的种子播种量为：秋播不应超过 4 g/m^2，春播不应超过 2.5 g/m^2。种子播后应喷施辛硫磷,然后再覆土,可有效防止地下害虫为害,播后覆盖地膜可有效提高出苗率和缩短播种至出苗的时间。为了防止苗期杂草为害,可使用33%的施田补2.25~3 L/hm^2,在播后苗前或苗后喷雾,但要严格避免药液与种子接触,防止产生药害。一般苗期使用2次基本可以防止杂草为害。另外苗期应根据土壤肥力和墒情适当追肥和灌水,出苗后要注意防治地蛆。

(2)定植　定植时间一般在6月中旬至7月上旬。行距65 cm左右,株距5~6 cm,A系和B系的定植行比为2∶1,即2垄A系,1垄B系相间定植。如果B系的花粉量少,还应缩小定植行比;如果花粉量大,可扩大定植行比。定植后的田间管理与常规种采种田相同。

(3)隔离　A系的繁育田必须进行严格的隔离,防止外来花粉污染。其隔离措施有空间隔离,应在2 000 m以上;网室隔离,网布的网目应在30目以上;时间隔离,目前采用的时间隔离主要在冬季利用日光温室繁育亲本,日光温室繁育亲本不但隔离效果好,而且还起加代作用,但是种子产量稍低,成本较高。冬季利用日光温室繁育亲本,种株的定植时间非常关键,种株一定要通过一段时间低温打破休眠再定植,新疆一般在11月下旬定植。

(4)去杂去劣　去杂去劣是保持亲本种性的重要措施之一,种株开花以前应多次进行。其内容主要有:株型不符、病株、育性不符、抽薹过早或过晚、生殖性状不佳等。

(5)授粉　网室内和冬季温室内没有传粉媒介,必须进行细致的人工授粉。最好每天授粉1次,最多不能超过2 d,授粉可用手掌(或戴线手套)轻轻触摸花球,在A系和B系间交替进行。在室外的繁种田,传粉昆虫少时或阴天、大风天也应进行人工辅助授粉。

(6)种子采收　种球顶端种果开裂面积有2 cm^2(5分硬币大小)时就应分期分批进行采收。采收时,A系和B系必须分别收获种球、单独存放后熟、单独脱粒、单独贮藏,做好标记,严防机械混杂。

2.父本系的繁育

父本系的繁育可采用两种途径:一是专门繁育父本系,其繁育方法同不育系(但只是一个系);二是结合杂交种(F_1)制种,父本单收,作为下一年制种用,但是这种方法繁育父本系不能连续多代进行,应与前种方法交替进行,因为半成株制种田内,父本由于是半成株,不利选择,种性容易退化。杂交种的亲本(不育系和父本系)不一定年年繁育,如果条件允许,可一年大量繁育,多年制种用。大葱种子寿命短,种子贮藏条件必须按种子生态条件要求,严格控制。

(三)杂交种(F_1)的制种技术

生产配合力高的杂交种(F_1)是杂种优势利用的关键环节之一,不但要求杂交种的目标性状有明显的杂种优势,而且要求有充足的种子供应量。

1.隔离与地块选择

杂交种(F_1)生产,为了降低种子生产成本,便于大量生产,一般都是在自然条件下制种,因此种子生产的地块选择,首先要考虑隔离区,以制种田为中心,半径1 000 m以内不能有非父本种株采种。其次要选择旱能灌、涝能排,土壤适宜大葱采种的地块。再次就是要选择上茬为非葱、蒜、韭茬的地块。

2.育苗

大葱杂交种(F_1)的种子生产,可采用成株制种,也可采用半成株制种。半成株制种占地时间短,种子生产成本较低,这里做重点介绍。用半成株制种,种株花芽分化前的营养体大小,对种子产量影响很大，营养体大、种子产量高，因此育苗播种不能过晚，新疆一般应在6月中旬，不应晚于6月下旬。每生产1 hm^2 杂交种不育系和父本系的用种量分别为2.25～3 kg和2.25 kg，不育系和父本系要分别播种，严禁机械混杂。其他技术措施同不育系和父本系的繁育。

3.定植

半成株制种要合理密植方能高产，定植行距40～50 cm，株距3～4 cm，父母本的面积比例配置为1∶3，株数配置为2∶3，即父本行可栽双行，小行距10 cm左右，母本(不育系)和父本系相间定植。大葱杂交种的种子单位面积产量受母本(不育系)的面积比例影响，母本面积比例在一定范围内越大产量越高，而这个范围主要由父本的花粉量左右，所以，大葱杂交种制种要根据父本花粉量的多少合理配置父母本比例。在花粉量够用的情况下，尽量扩大母本比例，同时也要在有限的父本比例中，合理增加父本株数，增加花粉供应量。待花期结束后，拔除父本种株，以防机械混杂，如果父本有用亦可不拔除，但收种时必须单收、单放、单打、单贮，准确标记，严禁混杂。在不育系(A系)上收到的种子就是杂交种(F_1)。制种田的病虫害防治及其他田间管理和种子收获等请参照常规种采种技术。

四、大葱田间实验记载标准

(一)植株

(1)株高　收获时假茎基部至全株最高处的自然高度，10株平均。

(2)分蘖性　植株分蘖率、单株分蘖数，调查100株。

(3)单株重　洗净须根，选10株取平均的克数。

(二)叶

(1)形状　粗管、中管、细管状。

(2)叶长　最大叶片叶身基部至先端的长度(叶鞘不计算在内)，10株平均。

(3)叶横径　最大叶片中部的横径，10株平均。

(4)叶态　坚挺、较柔。

(5)叶色　灰绿、深绿、绿、浅绿、黄绿。

(6)全株宿存功能叶片数　叶片伸出最终长度1/2以上的宿存叶数，调查100株。

(7)叶面蜡粉　多、中、少。

(三)假茎

(1)假茎上部邻叶出叶孔夹角　小于60°和80°～100°、不交接。

(2)全株叶重　自最上出叶孔上端切下的叶片重，10株平均。

(3)假茎长度　自最上邻叶出叶孔交接处至基部的假茎长，10株平均。

(4)横径　假茎中部最大横径及与其直交横径的平均值，10株平均。鸡腿型的取假茎中部与下部最粗处的均值。

(5)假茎重　按假茎长度的标准切去叶身，10株取平均的克数。

(6)外层叶鞘外皮颜色　培土上部分假茎外皮白色、黄色及所占的比率，调查100株。

(7)形状　扁筒、圆筒、鸡腿、其他。

(8)肉质鳞片数　10株平均，假茎中部横切面，鸡腿型取显著膨大处中部的横切面增厚的肉质鳞片数。

(9)假茎内分蘖数　假茎横切面中部分蘖总数，调查10株。

(四)花

(1)假茎内花芽　纵剖假茎肉眼可见花芽数，花芽长度，调查10株。

(2)抽薹后的花茎数　1枚、2枚、多枚，调查100株。

(3)雄性育性　开花期间田间调查可育株、不育株、半不育株的百分率，调查100株。

(五)种子

(1)单株种子数　10株成株种株的平均克数。

(2)千粒重　克数。

(六)物候期

(1)播种期　播种的时期。

(2)秋播苗返青期　50%的植株开始生长的月、日。

(3)定植期　定植的月、日。

(4)收获期　80%的植株达到收获标准的月、日。

(5)抽薹期　50%的植株总苞露出出叶孔的月、日。

(6)开花期　50%的植株开始开花的月、日。

(7)种子成熟期　50%的蒴果开始开裂的月、日。

(七)产品

(1)产量　kg/hm^2。

(2)肉质　细嫩、粗糙、含水多少。

(3)风味　甜、辣甜、辣(口尝鉴定)。

(4)碳水化合物含量　早期世代用手持折光仪分别测定叶身、葱白可溶性固形物含量或口尝评定，后期世代分析测定各种糖的含量。

(5)香辛油含量　早期世代感官鉴定，后期世代用正己烷浸提蒸馏测定。

(6)丰产性　除收获后测定生物学和经济产量及单株重外，调查叶长大最终长度1/2以上的单株宿存功能叶片数。

(八)抗逆性

(1)抗涝性　受害轻、中、重，受害株数。

(2)抗病性　病害名称、发病时间、发病株率、受害程度(轻、中、重)。

(3)抗虫性　虫害名称、受害时间、受害程度(轻、中、重)。

(4)抗风性　强、中、弱。

(5)耐贮性　强、中、差，损耗率(叶身风干萎蔫的大葱称重后，在0℃左右下冬贮，分期称重，计算损耗率)。

五、洋葱制种技术概述

洋葱是一种世界性蔬菜，在我国南北方栽培普遍。除鲜食外，也是食品工业的重要原料和出口商品蔬菜之一。洋葱种子寿命短，生产上需年年制种。

微课：洋葱生物学特性

(一)采种方式

洋葱常规制种和杂交制种都可以采用多种采种方法。有春播三年采种法或秋播三年采种法(成株采种);春播二年采种法(半成株采种);夏、秋播二年采种法(小株采种)等。成株三年采种周期长,成本高,但选择严格,适合繁殖原种。后两种方法制种周期短,成本较低,但是种性容易退化,适合繁殖生产用种。北方地区主要采用春播二年采种法。

1. 春播二年采种法(半成株采种法)

在北方地区,第一年按当地商品洋葱种植,夏、秋季形成成品鳞茎,经去杂、去劣后贮藏越冬。第二年春季定植,夏季采收种子。优点是制种周期较短,种子成本较低。缺点是缺乏对先期不易抽薹性、鳞茎经济性状和耐贮性的严格选择,在保持种性方面不如成株制种法。这种方法是目前生产种繁殖的主要方法。

2. 夏、秋播二年采种法(小株采种法)

第一年6—7月播种,冬前培育大苗,第二年春季抽薹开花,夏、秋季采收种子,制种周期历时11～13个月。优点是制种周期短,种子成本低。缺点是缺乏对先期抽薹植株的淘汰,反而淘汰了不易抽薹的植株。制种未经过形成商品鳞茎的阶段,也缺乏对鳞茎经济性状及耐藏性的选择,一般只用于繁殖生产用种。夏、秋播适于越冬定植,生理苗龄是单株重5～6 g,叶鞘粗0.6～0.9 cm,株高20 cm左右,具3～4片真叶。越冬后顺利通过春化,正常抽薹开花。

(二)常规制种

新疆用地膜覆盖育苗移栽方法培育鳞茎,第二年地膜覆盖栽植鳞茎制种,技术要点如下。

1. 种球培育

(1)播种期及播种方法　制种播期在3月上中旬,拱棚育苗,移栽苗龄40～60 d。播种苗床施有机肥45 t/hm^2、磷酸二铵225 kg/hm^2,整地做畦,畦宽1.2～1.5 m。在种子中混适量细沙撒播。播后镇压畦面,覆盖1.0～1.5 cm厚细沙,随即灌水,5～7 d后再灌水1次。

(2)苗床管理　种子10～12 d出苗,出土前棚内温度白天20～26 ℃、夜温不低于13 ℃。苗齐以后棚内温度白天15～18 ℃、夜温10～12 ℃。注意通风,降低湿度,苗高3～5 cm时加大通风量,防止徒长,每隔10～12 d灌水1次。幼苗3～4叶时追氮肥1次。苗期使用50%敌百虫800～1 000倍液灌根防治地下害虫及葱蛆,用50%甲基托布津可湿性粉剂600倍液喷雾预防灰霉病、霜霉病等病害。定植前7～10 d通风炼苗。

(3)选地整地　采种田准备选择土壤肥沃、有机质丰富的小麦、玉米或豆类、茄果类等茬口,施足基肥,平整地面,否则,低凹处容易积水,引发病害。做平畦,畦宽1.0～1.2 m、畦间距20～25 cm,覆黑色地膜,以利于防除杂草。

(4)定植　在4月中下旬至5月上旬定植。淘汰叶鞘横径大于1.0 cm的大苗和叶鞘横径小于0.4 cm的小苗,大苗和小苗分开栽植。起苗后立即移栽,防止葱苗干燥而使缓苗期延长。选好的幼苗以20～25 cm高度为标准,切去叶片上部,用50%敌百虫800～1 000倍液蘸根。移栽时用打孔器打好定植穴,株、行距有13 cm×15 cm、14 cm×15 cm、15 cm×15 cm、14 cm×16 cm等,打孔深度为8～10 cm。集中人力移栽,苗放入定植穴后挤压,使其与土壤紧密结合,用准备好的土盖好定植穴,定植深度以覆土埋住小鳞茎、灌水后不倒秧、不漂根即可。每公顷栽苗37.5万～45万株,定植后灌水缓苗。

(5)田间管理　定植后连续灌2次缓苗水,前期轻灌水、勤中耕。缓苗后加大灌水量,10～15 d灌水1次,并随水追施2次肥料,每次每公顷施磷酸二铵300～375 kg、尿素225～300 kg。6月下旬后,鳞茎开始膨大,水肥供应是鳞茎膨大的关键,要做到肥足、水足。从鳞茎膨大期开始重施 2 次肥料，保持土壤湿润促进鳞茎膨大。在葱头收获前 7～10 d 停止灌水，使鳞茎组织充实，促进外层葱叶脱水，以利于贮藏。如果发现有先期抽薹植株，应该及时拔除。从缓苗期到收获期，洋葱地下害虫和地上虫害以及病害较多，应加强防治。

(6)鳞茎收获　当植株基部第 1～2 片叶枯黄、第 3、4 叶片尚有绿色、假茎失水松软、地上部分倒伏、鳞茎停止膨大、外层鳞片革质时是洋葱收获适期。起葱后在田间晾晒 3～4 d，用葱叶覆盖葱头，促进鳞茎后熟。经挑选装袋后码放在室外，10 月下旬气温下降后即可转入室内贮藏。

(7)贮藏越冬　种球贮藏温度是影响花芽分化的重要因素，最终影响到种株抽薹和制种产量。洋葱种球在新疆一般装在塑料网袋里放置在室内贮藏，贮藏期间温度保持在 5～10 ℃，要求温度变幅小、通风干燥。到 3 月上旬定植前，检查种球，按品种要求再次挑选，淘汰过早发芽、感病、损伤的种球。

2. 定植采种

(1)制种田准备　制种田选择隔离条件良好、土壤肥沃、排灌方便的地块。移栽前施足基肥，与种球幼苗移栽田施肥相同。耕翻耙平后做平畦，畦面宽 1.0～1.2 m、畦间距 40～45 cm。在空间隔离方面，距离周围 1 000 m 内无其他洋葱品种，并与大葱、韭葱等采种田隔离。

(2)定植　洋葱较耐低温，4 月上中旬外界气温稳定到 5 ℃以上时即可定植。每畦定植 5 行，行距 33～40 cm、株距 15～18 cm，开浅沟均匀放置种球。开沟深度以种球埋土后低于土面 3 cm 为宜。种球放置后埋土压实，覆土以埋没种球为宜，栽后覆盖地膜，发芽后及时放苗压土。

(3)种株田间管理　种株发芽后生长速度快，新叶大量发生，5 月上旬花薹开始显露时灌水、追肥。每公顷追施尿素 150～225 kg 或硫酸铵 300～375 kg，及时中耕。花薹基本抽齐时再施一次肥料。以后制种田见干见湿，种子成熟前 7～10 d 停止灌水。

(4)收获　洋葱花球成熟不一致，从开花到种子成熟需 70 d 左右，分 3～4 次采收。当 1 个花球内有约 20%的蒴果自然开裂、种子露出即将脱落时即可采收。新疆在 7 月下旬至 8 月初种子成熟。采收时选择晴天上午或阴天，将花球带一段花茎割下，花球薄摊在塑料膜上，在干燥阴凉处后熟。花球干燥后搓揉脱粒，精选、过风车，收获入库。

(三)杂交制种

用雄性不育系配制 1 代杂种是洋葱杂种优势利用的主要途径。杂交制种包括亲本繁殖和制种两部分。亲本繁殖由育种单位或品种所有者进行繁殖，制种单位只进行杂交种子生产。

1. 亲本繁殖

包括作为母本的雄性不育系繁殖和作为父本恢复系的繁殖，分别在雄性不育系繁殖圃(田或区)和恢复系繁殖圃(田或区)进行。亲本繁殖用成株采种，严格去杂去劣，以保持种性和纯度，并且实行严格的隔离，空间隔离 2 000 m。

(1)雄性不育系繁殖　雄性不育系与雄性不育保持系同圃繁殖。在雄性不育系繁殖圃按比例相间栽植雄性不育系和雄性不育保持系种株，天然杂交授粉，由雄性不育保持系提供的花粉使雄性不育系授粉结籽，繁殖雄性不育系；而雄性不育保持系正常自交结籽繁殖，供下一代不育系繁殖圃用的保持系种子。

(2)技术要点　用春播二年采种法，雄性不育系和雄性不育保持系按(5～6)∶1的比例分区同时播种。种球收获后雄性不育系和雄性不育保持系分藏。春季将雄性不育系和雄性不育保持系按(5～6)∶1的比例相间定植，即每5～6行雄性不育系种1行雄性不育保持系。如果雄性不育保持系花粉少或授粉昆虫少，或花期为雨季，则雄性不育保持系比例应增加，雄性不育系和雄性不育保持系的比例可增加为8∶2。

2. 恢复系繁殖

恢复系结合制种繁殖。但连续小株采种有引起种性退化以及杂交种和父本混杂的可能，所以应专设恢复系繁殖圃。用成株、半成株采种法繁殖恢复系，繁殖技术与一般原种繁殖和成株常规制种相同。

3. 杂交制种

杂交制种采用半成株采种法、小株采种法。为降低杂交种子成本，可用小株采种法。雄性不育系和恢复系种株按比例间行栽植，自然杂交授粉，从雄性不育系植株上收获杂一代种子。田间管理可参照常规制种。

(1)种苗培育　小株采种法以幼苗通过春化阶段形成花芽，不形成大鳞茎而直接抽薹开花结籽。在冬前培育大苗，保证幼苗在越冬期充分通过春化阶段并分化花芽是提高制种量的关键。播种方法与一般育苗方法相同，在5月下旬至6月上旬播种。雄性不育系和恢复系一般按5∶1的比例播种，分床育苗，出苗期间搭建遮阳网。苗高20 cm以上、有4片真叶时定植。

(2)适时定植　7月下旬至8月上旬定植。春栽行、株距均为15 cm×10 cm，每公顷栽675万株；秋栽行距15 cm、株距12～14 cm，每公顷定植45万株。地膜覆盖移栽，方法与成株采种育苗移栽相同。雄性不育系和恢复系的种植比例一般为(5～6)∶1间行种植。如果恢复系花粉少或花期多雨时可按8∶2比例种植。

(3)种株田管理　秋栽定植期较早，冬前适当蹲苗，促进根系发育。越冬期盖粪肥或盖草防寒。返青后施肥量加大，并加强中耕促根。因为小株制种植株生长营养靠自根吸收，而成株制种种株生长营养相当一部分由种球贮藏的养分供给。抽薹开花后随时注意拔除雄性不育系内的可育株，去杂去劣。每7～10 d可喷1次0.4%磷酸二氢钾，以促进种子成熟饱满。

(四)杂交制种技术改良

在洋葱杂交制种中，为了简化制种程序，降低制种成本，可以采用辅助种株续制种法。即每年从制种田雄性不育系和恢复系制种株基部收获小鳞茎，作为下一年制种田用雄性不育系和恢复系制种母球，下一年继续生产同世代的杂交种子，从而在不降低种子质量的情况下缩短制种周期，并省去繁殖雄性不育系和恢复系的制种程序。

【课外阅读】

1. 参阅相关资料，了解国内外大葱种子生产发展前景。
2. 参阅相关资料，了解大葱杂交种子生产。

【课后作业】

1. 研究制定大葱不同采种方式种子生产技术规程。
2. 调查影响当地大葱种子生产效益的原因，并提出可行的改进建议。

【实训工作过程作业记录单】

大葱制种亲本发放单						
编号				制种地点		
序号	品种(代号)	地号	面积	原种数量(kg)	户主签名	备注
填表人						年　月　日

大葱制种田间管理档案记载表								
合同户编号				户主姓名				
地块名称(编号)				制种面积(hm^2)				
育苗播种时间		播种量(g)		出苗时间		幼苗越冬大小		
返青时间				返青管理				
定植前茬		定植时间		行距(cm)		株距(cm)		
追肥	日期		种类			施肥量(kg/hm^2)		
	日期		种类			施肥量(kg/hm^2)		
灌溉	日期				灌量(m^3)			
	日期				灌量(m^3)			
	日期				灌量(m^3)			
病虫害防治	种类		防治方法					
	种类		防治方法					
种株采收	日期			贮藏时间				
制种田选地	前茬			隔离区(m)				
种株定植	日期			行距(cm)		株距(cm)		
追肥	日期			种类		施肥量(kg/hm^2)		
	日期			种类		施肥量(kg/hm^2)		
灌溉	日期			灌量(m^3)				
	日期			灌量(m^3)				
	日期			灌量(m^3)				
	日期			灌量(m^3)				
抽薹日期				开花日期				
估产	日期			产量(kg)				
采收	日期			打籽时间				
种子晾晒	日期		清洗日期			实际产量(kg)		

大葱制种去杂去劣档案记载表				
检验时期	被检株数	杂株数	纯度(%)	出现的问题及解决措施
苗期				
种株采收				
种株定植				
开花期				

种子检验收购档案记载表								
种子质量检验结果	发芽率(%)		水分(%)		净度(%)		纯度(%)	
种子收购	日期		重量(kg)		单价(元)		总价(元)	

项目六

莴苣种子生产

莴苣是绿叶类蔬菜中很常见的一种，主要有茎用莴苣和叶用莴苣两种，我国普遍栽培茎用莴苣，地方品种资源丰富。叶用莴苣生产面积稍小，但有逐年扩大的趋势。莴苣种子多为常规种，制种技术较简单。

【知识目标】

1. 熟知莴苣形态特征与生长发育规律。
2. 掌握莴苣生长发育周期及对环境条件的要求。
3. 掌握莴苣制种基地的选择、落实的方法。
4. 熟知莴苣种子生产一般过程及技术要求。
5. 熟知莴苣种子质量要求及防杂保纯的方法。
6. 知道莴苣种子生产过程中工作质量检查的时期、内容和要求。

【技能目标】

1. 能够依据制种计划选择、落实制种基地，与农户签订制种合同，及时准确发放亲本种子。
2. 学会莴苣种子生产育苗、定植、水肥管理、防倒伏、病虫害防治等田间管理工作。
3. 能准确识别亲本特点，在制种生产过程中去杂去劣，做好种子采收、脱粒和清选等工作，保证制种莴苣种子的产量和质量。

【素质目标】

1. 热爱“三农”，助力乡村振兴：通过西甜瓜种子生产学习、实践，培养学生的“三农”情怀，践行“五爱”，具备艰苦奋斗、吃苦耐劳、乐业奉献的“种子精神”，助力区域乡村振兴。
2. 质量意识、劳动精神培养：通过项目实施，理实一体，边干边学，培养学生具有质量意识、环保意识、安全意识和创新思维，具备乐于奉献、艰苦奋斗、吃苦耐劳的精神；树立和弘扬劳动精神，具有精益求精的工匠精神。
3. 可持续发展能力及知识综合应用能力：通过课前、课中、课后学习活动培养学生具有探究学习、终身学习和可持续发展的能力，具有整合知识和综合运用知识发现问题、分析问题和解决问题的能力。

4. 信息化应用能力培养：通过学习在线开放课程并发表评论，让学生掌握获取学习资源的途径，具备沟通协作能力和一定的信息素养及自主学习能力。

任务一　育　　苗

一、工作任务与要求

根据莴苣制种亲本特征特性，确定适宜的育苗时间，指导农户适时播种育苗，做好幼苗管理工作。指导、检查制种农户准备育苗基质、苗床，及时开展播种工作，保证播种质量，出苗后，按照要求开展幼苗管理，保证苗齐苗壮。

微课：莴苣种子生产技术

二、工作程序与方法

苗床准备	**准备工作：**用小拱棚或温室育苗，苗床应选择阳光充足、灌水方便、没有种过菊科蔬菜的肥沃疏松的壤土。做成长 5～6 m、宽 1.2 m 的播种畦。 **基质配制：**配制床土用菜园土和腐熟的优质有机肥，按 6∶4 比例配制，并施少量磷酸二铵。用敌克松或五氯硝基苯 10～15 g/m^2 在床土配制时均匀混入，拌匀后堆起来，盖塑料薄膜密闭 2～3 d，然后去掉覆盖物散放，1～2 周后待土中的药味完全散去后填床使用。
播种	**亲本种子准备：**莴苣制种原种要求纯度不低于 99%，净度不低于 96%，发芽率不低于 80%，水分不高于 7%。 **播种时间：**播种前 3～5 d 搭建育苗拱棚，提高地温，床土在棚内预热，忌用冷土直接育苗。莴苣种子 4 ℃左右即可萌发，在 3 月下旬即可播种。 **种子处理：**播前用 70%敌克松按种子重量的 0.3%对种子进行消毒处理。20 ℃温水浸种 6 h，捞出沥水，用湿纱布包好，在 18～20 ℃条件下见光催芽，2 d 左右种子萌动露白时播种。 **播种方法：**播前苗床浇透水，水渗下后撒播或条播。播种量 0.9～1.2 kg/hm^2，播后覆 0.5～1.0 cm 细沙，并覆膜、保温保湿。
苗床管理	**温度管理：**苗床温度保持在 20～25 ℃，3～5 d 可出齐苗，出齐苗后白天 18～20 ℃，夜间 8～10 ℃。 **分苗：**当幼苗 2 叶 1 心时分苗，同时剔除畸形苗和杂苗。分苗后盖膜及草苫保温保湿，白天 18～22 ℃，夜间 16～18 ℃，促进缓苗，缓苗后适当降温。 **水肥管理：**苗床湿度过低时，酌情补充水分，苗期可浇 1～3 次水。幼苗长到 3～5 片真叶时，用 0.3%的磷酸二氢钾和 0.2%的尿素水溶液叶面追肥 1～2 次。 **通风炼苗：**出苗后 3～5 d 不揭棚，当真叶显露时开始通风。风量从小到大逐渐递增，增强莴苣抗寒性，并防止徒长。移栽前 5～7 d 放大风炼苗。 **赤霉素处理：**结球莴苣 5～6 叶时用 20～30 mg/kg 赤霉素水溶液喷洒叶面，降低叶片包心程度，促使茎秆伸长，及时抽薹开花。
病虫害防治	幼苗生长期间易受病害侵染发生病害，或因环境条件不适宜造成生理性病害，严重影响幼苗生长。应经常查看苗床，及时做好病虫害防治工作，保证苗齐苗壮。

三、常见技术问题处理

1. 苗床出苗不齐的原因及解决措施是什么?

出苗不齐的原因有可能是基质过干造成种子落干,应及时喷洒苗床促进出苗;其次,播种深浅或覆土厚度不一致,也会造成出苗不齐,应提高播种质量,精细整地,均匀播种,保持苗床环境均匀一致。

2. 如何做好播种工作?

莴苣种子细小,为保证播种均匀、密度适宜,在播种时可在种子中掺入干净的细沙或锯末,若是催芽种子也可以将种子含入口中吹出,这样不仅可以防止碰断胚芽,而且播种也比较均匀。

任务二　土地准备与定植

一、工作任务与要求

按照莴苣制种栽培对土地的要求进行土地准备,选择适宜的制种田,并进行精细整地,根据制种品种特性确定株、行距的大小,组织农户按要求定植和中耕除草,以保全苗。

二、工作程序与方法

选地整地	**选地:**莴苣虽然为自花授粉作物,但昆虫也能传粉,不同品种间以及茎用和叶用莴苣应隔离 500 m。制种田选择地势平坦、疏松肥沃、排灌方便、透气性好的沙壤土或壤土,没有种过菊科蔬菜的土地。 **整地:**定植前 7～10 d 整地,采用撒施法,施入磷酸二铵 225～300 kg/hm^2,保证施肥均匀,施肥后深耕细耙。采用垄作地膜覆盖栽培,以 60 cm×40 cm 划线,从 40 cm 行内开沟起垄覆膜。垄高 15～20 cm,垄面宽 35～40 cm,起垄时拍实土壤,做到垄平、直。也可以做成平畦进行定植,一般为灌水和田间管理方便,畦宽 2m,长 20m 为宜。
定植	**时间:**在 4 月中旬莴苣 5～6 片真叶时即可定植。 **密度及方法:**株距 20～25 cm,行距 30～35 cm,带土坨移栽,随移栽随灌水,5～7 d 再灌 1 次缓苗水。莴苣定植时根据当日气温情况可选择明水定植法或暗水定植法。其中,明水定植法是先按行、株距开沟栽苗,栽完苗后按畦或地块统一浇定植水的方法,该法浇水量大,地温降低明显,适用于温度较高时。暗水定植法是开沟后先引水灌溉,再按预定株距将幼苗带土坨置于泥水中,水渗透后覆土。此法可防止土壤板结,有促进幼苗发根和缓苗的作用,可在温度较低移栽幼苗时使用。
中耕除草	**中耕:**定植缓苗后连续进行中耕,蹲苗促进根系发育,同时除去田间杂草。

三、常见技术问题处理

如何做好播种工作?

除育苗移栽之外,莴苣还可以进行直播。一般在春季土壤化冻后抢墒播种,若土壤疏松、无杂草、墒情好，可于3月底4月初进行直播，直播行距40 cm，穴距12～15 cm，每公顷用种量3～3.75 kg，直播出苗较快，出苗后于4～5叶期间定苗。直播采种生长后期易遭受干热风为害，影响种子产量。

任务三 种株管理与去杂

一、工作任务与要求

莴苣定植后，督促制种农户做好缓苗期水肥、光照管理，并指导农户对结球莴苣进行赤霉素处理，保证其顺利抽薹。指导、督促农户及时中耕除草，打去植株基部老叶，提高田间通风透光条件，结合浇水、施肥和搭架防倒伏工作，在植株生长期和抽薹开花前进行两次清除杂株、劣株的工作，以保证制种产量和种子纯度。

二、工作程序与方法

水肥管理	缓苗后控水，中耕蹲苗。结球莴苣进入莲座期，莴笋茎部开始膨大时，结合浇水追施尿素150～300 kg/hm^2、磷酸二铵225 kg/hm^2。落干后中耕，以后保持土壤湿润，见干见湿。抽薹现蕾时控制肥水，尤其是控制氮肥用量，以减少裂球、裂茎的发生。开花期根外追施微肥1～2次，以补充钙、硼、镁、铜等微量元素。开花后不可缺水，顶部花谢后减少浇水，以防后期重新萌发花茎，消耗养分。
赤霉素处理	为防止结球莴苣结球包心造成花薹抽出困难，应及时进行第二次赤霉素处理，浓度为40～60 mg/kg，以后根据包心程度可以进行第三次处理。有些晚熟品种及半包心品种叶片多，赤霉素处理效果不明显，应在包心期人工进行剥叶，只留5～7片叶，减少花薹抽出阻力。剥叶期间适当控水，防止病原侵染造成植株腐烂。 除赤霉素处理之外，结球莴苣在抽薹前用刀在叶球顶部切十字，也可以帮助花蕾伸出。
病虫害防治	及时了解制种田病虫害发生、发展情况，发现病虫及时督促制种农户进行防治。
中耕除草	植株成活后，适墒中耕除草2～3次，确保田间无杂草。种株抽薹后结合中耕在植株根部培土以防止倒伏。
打老叶	莴苣抽薹开花期正值高温多雨季节，为提高田间通风透光性，可根据需要打去基部老叶，以减少病害。
防倒伏	莴苣抽薹开花前遇风易发生倒伏，可设立支架以防发生倒伏造成减产。
去杂	莴苣在植株生长期和抽薹开花前进行两次清除杂株，从叶形、叶色、株型、抽薹早晚等方面区别。去掉生长缓慢，抽薹过早，裂球、裂茎，叶色变异及其他性状不符合本品种特性的植株。

三、常见技术问题处理

1. 病害防治方法

(1)莴苣霜霉病　幼苗、成株均可发病，主要为害叶片。最初叶上生淡黄色近圆形或多角形病斑，潮湿时，叶背病斑长出白霉。

防治方法：密植，注意排水，降低田间湿度。收获后清洁田园，实行2～3年轮作；药剂防治，可用25%甲霜灵可湿性粉剂800倍液，72%克霉星可湿性粉剂500倍液，或72%克露可湿性粉剂700倍液，或58%甲霜·锰锌可湿性粉剂500倍液等药剂喷雾防治，每7 d喷药1次，连续防治2～3次。

(2)莴苣炭疽病　主要为害叶片，叶面病斑圆形，直径0.5～3 mm，灰白色，边缘明显。后期病部变为黑色，有时破裂，形成小孔。

防治方法：用无病种子，增施磷、钾肥，雨后及时排水；用种子重量0.4%的50%多菌灵可湿性粉剂拌种；发病初期喷洒60%炭疽灵可湿性粉剂700倍液，80%炭疽福美可湿性粉剂800倍液，50%混杀硫悬浮剂500倍液，隔7～10 d喷施1次，连续防治2～3次。使用百菌清烟剂的采收前3 d停止用药。

2. 虫害防治方法

害虫有斑潜蝇和红蜘蛛，用73%克螨特1 000倍液、40%绿菜宝乳油1 000～1 500倍液、10%阿维菌素2 500倍液喷雾防治。间隔5～7 d喷药1次，连续3～4次。

任务四　种子采收

一、工作任务与要求

组织制种农户适时采收种子，并做好晾晒、脱粒和清选工作，及时取样报检，按要求收购，防止种子流失。

二、工作程序与方法

采收	**时间：**莴苣成熟期不一致，应分次收获，当种株叶片发黄，能看到植株上有50%种子冠毛出现时用塑料编织袋套住种株摇动收获，当80%种株叶片发黄时可以一次性收割。为防止种子散落应该在清晨进行采收。 **方法：**在田间铺塑料棚膜，将割下的植株放置其上，晾晒。
晾晒	根据植株和天气情况晾晒2～3 d。
脱粒	手工拍打收籽或摔抖脱粒，也可以使用机械脱粒。
清选	收获后及时用清选机精选，将秸秆、花絮等清选干净，入库。制种产量一般叶用莴苣为750～1 200 kg/hm^2，茎用莴苣为750～900 kg/hm^2。
装袋待检	将清选干净的种子存放在麻袋、布袋或编织袋内，同时将每一包装袋内外均放置标牌，写明品种、袋号、产地、户名、数量、年份，扎紧扎牢袋口，将种子袋放在干燥、无污染、无虫鼠害的地方(切忌将种子袋放在地面)，以待交售。不同品种要单装、单收，经常查看，防止种子混杂、霉变。
检验收购	**检验：**绿叶类蔬菜种子检验依据GB 16715.5叶菜类标准执行，在田间去杂的基础上进一步进行室内鉴定和种植鉴定。室内鉴定包括种子发芽率、水分、净度检验，种植鉴定主要测定纯度。莴苣种子国标规定大田用种纯度不低于96%，发芽率不低于80%，水分不高于7%，净度不低于96%。 **收购：**对检验合格的种子要及时组织农户按照种子管理规程和公司要求统一进行包装、交售。

三、常见技术问题处理

如何解决种子清选困难问题？

莴苣种子细小，清选比较困难，一是采收后晾晒注意花枝不能晒干，否则细碎花枝混入种子，就会造成种子清选困难；二是选择在早晚植株潮湿时脱粒，减少花枝混入。

【理论基础】

微课：莴苣生物学特性与品种类型

一、形态特征与生长发育规律

莴苣（*Lactvca sativa* L.）又名生菜、莴笋等，是菊科莴苣属一年生或二年生草本植物。莴苣原产地中海沿岸，传入我国有 1 500 多年历史。各地普遍栽培，是重要的叶用蔬菜之一。莴苣有 4 个变种：皱叶莴苣、直立莴苣、结球莴苣、茎用莴苣，前 3 种又叫生菜，茎用莴苣叫莴笋（又分为尖叶莴笋和圆叶莴笋）。

1. 根

直根系，分布浅，须根发达，根的再生能力较强，经移植后主根上发生多级侧根，根群密集于 20～30 cm 的土层内。

2. 茎

叶用莴苣营养生长时期茎短缩，叶片互生于短缩茎上，抽薹时开始伸长；茎用莴苣茎随着植株的生长而加长，顶端分化花芽后，在花茎伸长的同时，茎加粗生长形成棒状的肉质茎（图 6-1）。

3. 叶

叶互生，披针形或长卵圆形，叶色因品种而异，有深绿、绿、浅绿或紫色，叶片平展全缘。叶用莴苣叶片有平展叶如油麦菜（图 6-2）和皱缩叶全缘或缺刻如结球生菜（图 6-3）、直立生菜（图 6-4）、花叶生菜（图 6-5）等。

图 6-1　莴苣的肉质茎

图 6-2　油麦菜

图 6-3　结球生菜

4. 花

莴苣花序呈圆锥形头状（图 6-6，图 6-7），花托扁平，每一花序中有小花 20 朵左右，完全花，花瓣舌状，浅黄色，5 个雄蕊联合成筒状，萼片退化成毛状，称冠毛；雌蕊位于药筒中央，子房单室。

图 6-4 直立生菜

图 6-5 花叶生菜

自花授粉，有时也可通过昆虫异花授粉。花序中主薹和中心部位花先开，各级侧枝和边缘部位花后开，栽培密度小时，侧枝发生量大，顶部花序种子已经成熟，下部侧枝还正在开花，莴苣制种密植可促进花期一致。

5. 果实

果实为瘦果，扁平细长，呈披针形，黑褐色或银白色，两面有浅棱，附有冠毛，易随风吹散，瘦果内包含一粒种子，种皮极薄，千粒重 0.8～1.2 g(图 6-8)。

图 6-6 花枝

图 6-7 头状花序

图 6-8 莴苣瘦果

二、生长发育周期

莴苣的生育周期包括营养生长时期和生殖生长时期。

(一)营养生长时期

1. 发芽期

从播后种子萌动到真叶显露，需 8～10 d。

2. 幼苗期

从真叶显露到第一个叶环的叶片全部展开，即团棵。所需时间因栽培季节和方式而异，育苗时冬春播种约需 50 d，秋播需 30 d；春季直播需 17～27 d(图 6-9)。

图 6-9 幼苗期

3. 发棵期

叶用莴苣从团棵到开始包心，莴笋则到肉质茎开始肥大，均需 15～30 d。此期主要是叶面积的增加，为产品器官生长奠定营养基础(图 6-10)。

4. 产品器官形成期

结球莴苣团棵以后，边扩展外叶边包心，当外叶数和叶面积均达到最大值时，心叶已形成球形，随后球叶扩大、充实，从卷心到叶球成熟约需 30 d。莴笋的肉质茎在进入发棵期后开始肥大，茎与叶的生长并进，在达到生长高峰后下降。

(二)生殖生长时期

结球莴苣在叶球即将采收时花芽分化，以后迅速抽薹(图 6-11)、开花(图 6-12)、结实(图 6-13)，生殖生长时期与营养生长时期重叠较短；莴笋在进入发棵期后，开始花芽分化，其营养生长与生殖生长重叠时间较长，花茎在整个肉质茎中所占比例较大。

图 6-10　发棵期

图 6-11　抽薹

图 6-12　开花

图 6-13　结实

三、对环境条件的要求

(一)温度

半耐寒性蔬菜，性喜冷凉，不耐炎热，高温烈日常灼伤幼苗茎部导致发生倒伏，较耐霜冻。种子发芽最低温度是 4 ℃，最适温度是 15～20 ℃，4～6 d 发芽，30 ℃以上进入休眠状态，夏播种子须低温处理，种子发芽需光。叶用莴苣生长适温是 15～20 ℃，其中结球莴苣的生长适温是 17～20 ℃，21 ℃以上不易形成叶球，或因高温引起叶球内心叶坏死、腐烂。茎用莴苣生长适温是 11～18 ℃，超过 25 ℃易引起先期抽薹，幼苗可忍耐－6～－5 ℃低温，成株耐寒力弱。结球莴苣花芽分化的适宜温度是 23 ℃左右，苗端经 30 d 可分化花芽，花芽分化后在 25 ℃以上的温度下，10 d 就可以抽薹；在 20 ℃下 20～30 d 可抽薹，在 15 ℃下需要 30 d 才能抽薹。抽薹后从开花到果实成熟适宜的温度为 22～29 ℃，开花后 15 d 左右瘦果成熟。茎用莴苣在日平均温度 5～25 ℃时苗端可以分化花芽，在此温度范围内，温度越高花芽分化需要的天数越少。在 22～29 ℃温度范围内，温度越高，从开花到种子成熟需要的天数越少。莴苣在 10～15 ℃条件下，虽然可以正常开花但不能结实。

(二)光照

莴苣属于长日照植物，在 12～14 h 的长日照下生长发育快，能促进抽薹开花，以早、中熟品种反应敏感，晚熟品种较迟钝。种子发芽需要一定的光照，在黑暗条件下发芽不良，但不同品种间种子发芽需光的程度有差异。

(三)水分

莴苣根系分布浅，叶面积大，含水量高，对肥水要求比较高，整个生育期要有均匀、充足的水分供应。结球或茎膨大后期如过湿或过干后灌大水易引起叶球开裂、腐烂或裂茎。

(四)土壤营养条件

莴苣的根好氧，宜栽培在肥沃、疏松透气、富含有机质的壤土中。莴苣需肥量较大，尤其是对氮、钾要求较高，幼苗期应注重磷肥的施用。茎用莴苣对土壤 pH 要求不高，适应性较强。叶用莴苣在 pH 6.5～7 的微酸性土壤中生长良好。

四、莴苣的品种类型

按植物学分类，莴苣种包括 4 个变种，即茎用莴苣(莴笋)、直立莴苣(散叶莴苣)、皱叶莴苣和结球莴苣，后面 3 种统称为叶用莴苣。

(一)茎用莴苣

主要食用肉质嫩茎。根据莴笋叶片的形状，可分为尖叶莴笋和圆叶莴笋两个类型，各类型中依茎的色泽又有白皮(外皮绿色)、青皮(外皮浅绿)和紫皮(外皮紫绿)莴笋。

1. 尖叶莴笋

叶披针形，先端尖，叶簇较小，节间稀疏，叶面平滑或略有皱缩，色绿或紫。肉质茎棒状，下粗上细。较晚熟，苗期较耐热。主栽品种有柳叶莴笋、北京紫叶莴笋、陕西尖叶白皮莴笋等。

2. 圆叶莴笋

叶片长倒卵形，顶部稍圆，叶面皱缩较多、叶簇较大，节间密，茎粗大(中下部较粗，两端渐细)，成熟期早，耐寒性较强，不耐热。主栽品种有济南白莴笋、陕西圆叶白皮莴笋、北京鲫瓜笋、二青皮、上海大圆叶等。

(二)叶用莴苣

依结球与否分为结球和不结球两种。结球莴苣又分为脆叶结球类型和绵叶结球类型；不结球莴苣又分为直立莴苣和皱叶莴苣，它们分别属于 3 个变种。

1. 直立莴苣

直立莴苣又称为长叶莴苣、散叶莴苣。叶全缘或锯齿状，叶匙状直立，中肋大呈白色者居多，叶数多，丛生，一般不结球，或有形成松散的笋状圆筒形的叶球；叶柔软，宜生食和夏季栽培。如广州培育的登峰生菜，日本引进的火速生菜等。

2. 皱叶莴苣

俗称玻璃生菜，按叶色可分为绿叶品种和紫叶品种。叶片深裂，疏松旋叠，叶色绿、黄绿或紫红，叶面皱缩，叶缘皱褶，不结球或有松散叶球。如广东软尾生菜、日本皱叶生菜等。

3. 结球莴苣

俗称“西生菜”。叶全缘，有锯齿或深裂，叶面平滑或皱缩，外叶平展，心叶形成叶球，叶球圆、扁圆或圆锥形，主要分两个类型。一种是绵叶结球型，即欧洲型品种，俗称奶油生菜。叶球小而松散，叶片宽阔而薄，微皱缩，质地绵软，生长期短，适于保护地周年生产。如白波士顿、夏绿等。另一种是脆叶结球型，即美国型品种。叶球大，叶片质地脆嫩，结球坚实，外叶绿色，球叶白或淡黄色。生长期长，适于露地栽培。主要有大湖 366、绿湖等。

五、莴苣的制种技术

莴苣常见的制种方式有春播小株采种和秋播大株采种两种。

(一)春播小株采种

结球莴苣一般是 3 月中下旬在阳畦或小拱棚内播种育苗，4 月下旬露地定植，7 月下旬采收种子。莴笋在 3 月上旬采用露地膜下浅沟直播，4 月中下旬放苗，7 月下旬采收种子。

(二)秋播大株采种

露地可以越冬的地区(如中原地区、华南)，一般在 9 月上中旬播种育苗，10 月下旬到 11 月上旬定植，翌年 6 月下旬至 7 月初收获种子。

其中，春播小株采种方法简单，占地时间短，产量高，制种成本低，是北方主要的制种方式。

【拓展知识】

一、绿叶菜类蔬菜概况

(一)绿叶类蔬菜的主要类型

绿叶菜类是主要以柔嫩的叶片、叶柄或嫩茎、嫩梢为食用器官的一类蔬菜，这一类蔬菜在分类上复杂，生物学特性差异也较大。根据对环境的不同要求，将叶菜划分为两类，一类是喜冷凉湿润类，包括芹菜、菠菜、莴苣、茼蒿，茴香、芫荽、荠菜、冬寒菜、菊苣、菊花脑等，生长适温为 15～20 ℃，能耐短期霜冻，而以菠菜的耐寒力最强。另一类是喜温暖湿润类，包括苋菜、蕹菜、落葵等，生长适温为 20～25 ℃，不耐寒，尤以蕹菜更喜高温。

绿叶菜类分属近 10 个科，其形态、风味各异，起源复杂，栽培特性差异较大，适应性广、生育期短，适于密植，可排开播种，延长供应期，对增加蔬菜花色品种、周年均衡供应、增加夏种起重要作用，在蔬菜消费中数量最大。

(二)绿叶类蔬菜生物学及栽培管理共性

1. 植物学性状

多数绿叶菜类植株矮小，生长期短，根系较浅，生长迅速，产品柔嫩多汁，不耐贮运。播种材料为种子或果实，种皮较厚，发芽较困难，播种前需要对种子进行破壳或浸种处理。

2. 对环境条件的要求

一般认为喜冷凉的绿叶菜属低温长日照类型作物，但很多绿叶菜如菠菜、莴苣等的花芽分化并不需要经过严格的低温条件，可是其抽薹开花对长日照却较敏感，在长日照下伴以高温便迅速抽薹开花。相反在短日照下伴以冷凉条件，则促进叶的生长，有利于提高商品蔬菜的产量及品质。喜欢温暖的绿叶菜属高温短日照作物，如苋菜、蕹菜、落葵等，春播条件下发育晚，收获期长，秋播条件下，因日照渐短，发育早、收获期短。单位面积上株数多，故对土壤和肥水条件要求较高，需要结构良好、保水保肥力强的土壤；在施肥上要少量多施，对氮肥需求量大，适当配合磷、钾肥。

(三)绿叶类蔬菜制种技术

绿叶类蔬菜在生产中普遍应用的是地方品种或常规品种，种子生产技术较为简单。其中菠菜为雌雄异株植物，在生产中有一定量杂交种应用。

二、茼蒿制种技术

茼蒿，又名蒿子秆、蓬蒿、春菊，菊科菊属一、二年生草本植物。以幼嫩茎叶供食，有特殊香味。原产地中海，在我国分布广泛，南北均有栽培。制种技术简单，采用膜下浅沟直播平作制种。

(一)生物学特性

1. 植物学特征

直根系，根浅，须根多；主侧根明显，但不发达，根系分布在 10～20 cm 土层。茎直立，圆柱形，实心，基部叶腋能长出多数侧枝。营养生长期茎高 20～30 cm，春末夏初抽薹开花，茎高 60～90 cm(图 6-14)。叶长形或长圆形，叶基部呈环状抱茎，根出叶无叶柄，叶较厚、互生、二回羽状深裂，叶缘有锯齿，叶面上有不明显的白色茸毛(图 6-15)。头状花序，花舌状黄色或白色(图 6-16)。种子为瘦果，褐色，有 3 个突起的翅肋，千粒重 1.8～2.0 g(图 6-17)。

图 6-14　茼蒿的茎秆

图 6-15　茼蒿的叶

图 6-16　茼蒿的花序

图 6-17　茼蒿的瘦果

2. 对环境条件的要求

茼蒿为半耐寒蔬菜，喜冷凉温和气候，不耐热。在 10～30 ℃的范围内均能生长，生长适温为 18～20 ℃，12 ℃以下和 29 ℃以上生长缓慢，能耐短期 0 ℃的低温。种子在 10 ℃即可发芽，发芽适温为 15～20 ℃。对光照要求不严格，较耐弱光，属长日照作物，高温长日照条件促进抽薹开花。对土壤的要求不严，以湿润的沙壤土为宜，适宜的 pH 为 5.5～6.8，生长期间要求肥水充足。

(二)种子生产技术

茼蒿制种方式有秋播制种法(南方)和春播制种法(北方)两种。新疆多采用春季直播平作制种,操作简便,制种产量高。隔离条件和土地准备与莴笋相同。

1.播种期及播种方法

新疆春季露地播种在3—4月进行。春季直播,播种时双粒点播,覆土1 cm。株距25～30 cm,行距35～40 cm。播种后覆膜,保留浅沟8～10 cm。

图6-18 营养生长

2.田间管理

春播10～12 d出苗,3～4片真叶时间苗、定苗,保苗7.5万～8.25万株/hm^2(图6-18)。定苗后灌水追肥,以氮磷肥为主,以后在现蕾时追施一次,每次施用尿素150～225 kg/hm^2,磷酸二铵150～225 kg/hm^2,在初花期喷施0.5%磷酸二氢钾一次(图6-19)。当苗长到5～7叶、30～50 cm高时摘心,促进侧芽迅速生长,使分蘖、开花、结实、成熟整齐。开花期经常保持田间湿润,茼蒿花枝疏散,在多风地区应设立支架防止倒伏(图6-20、图6-21)。

图6-19 现蕾

图6-20 开花期

图6-21 结实期

3.病虫害防治

茼蒿出苗后,膜下注意防治金针虫、蛴螬等地下害虫,结合中耕除草用辛硫磷和敌百虫拌毒土毒杀。5月下旬、6月上旬易发生蚜虫危害,用1.8%阿维菌素4 000倍液喷雾防治1～2次。6月下旬发现有潜叶蝇和美洲斑潜蝇为害时,可用绿菜宝防治2～3次。

4.收获留种

春播茼蒿7月下旬至8月中旬种子成熟,完全成熟后一次性采收,连同秸秆一起收割,在平整干净的场地摊开晾晒。收割宜在早晨进行,雨天不能收割,以防种子变黑,色泽变差。在花序不完全干燥时打碾,防止花萼等混入种子难以清选。由于茼蒿种子小而轻,清选时先小风吹扬,再用不同网目筛分离精选,制种产量600～900 kg/hm^2。

微课:菠菜生物学特性与品种类型

三、菠菜制种技术

菠菜(*Spinacia olesracea* L.),别名赤根菜、波斯草,藜科菠菜属一年生或二年生草本植物。起源于伊朗,世界各地广泛栽培,一年四季均可播种，茬次多，种子需求量大。

(一)植物学特征

直根系，直根圆锥形红色；侧根不发达，根群密集于25～30 cm土层中，吸收能力较强。叶片戟形或卵圆形，营养生长期叶片簇生于短缩茎上，较肥大，抽薹后茎生叶较小。株高约60 cm，茎直立上部中空，不分枝或分枝。花单性，一般为雌雄异株，少数为雌雄同株，花黄绿色，风媒花。胞果无刺或有刺(图6-22)，千粒重8～10 g。

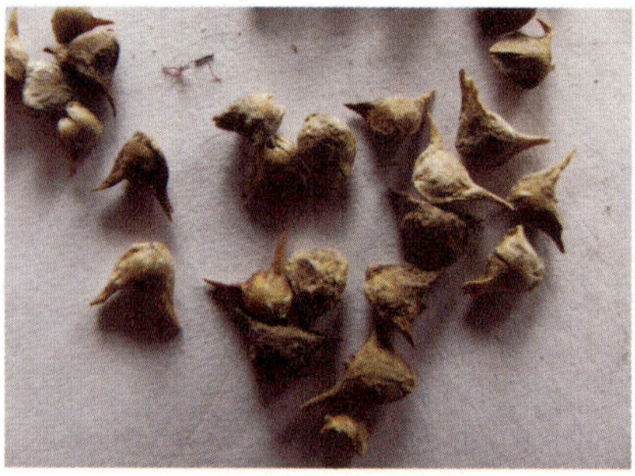

图6-22 胞果具刺

(二)对环境条件的要求

菠菜耐寒，种子发芽温度4～5 ℃。有4～6片叶的幼苗在－10 ℃的地区可在露地安全越冬，可以短期忍耐－30 ℃的低温，甚至在－40 ℃时只是外叶受冻枯黄，根系和幼芽不受损伤。生长最适温度为15～20 ℃，不耐高温，在25 ℃以上生长停滞。为典型的长日照作物，在12 h以上的长日照条件下才能抽薹、开花、结实。不耐干燥和干旱，对土壤湿度和空气湿度要求均较高，适宜的土壤湿度70%～80%，空气湿度80%～90%。较耐盐碱，对土壤的适应性广。氮、磷吸收量较高，对缺硼较敏感，缺硼时心叶卷曲，生长停滞。

(三)品种分类

菠菜依叶片的形状和果实上刺的有无分为两类：尖叶菠菜(有刺种)和圆叶菠菜(无刺种)。圆叶菠菜叶片椭圆形，大而厚，有皱褶，叶柄短，果实无刺，耐热力较强，耐寒力较弱，对日照长短反应较迟钝(图6-23)；尖叶菠菜叶片窄而薄，尖端箭形，基部戟形多缺刻，叶柄细长，果实有刺，耐寒力强，不耐热，对日照反应敏感，在长日照条件下抽薹快(图6-24)。

图6-23 圆叶菠菜

图6-24 尖叶菠菜

(四)花器结构及开花授粉习性

1. 花的性型

菠菜有3种性型不同的花朵：雄花、雌花和两性花。

(1)雄花　位于植株顶部，无花瓣、无雌蕊，仅有花萼和雄蕊组成的不完全花。花萼4～5裂，裂片在雄蕊外侧展开。雄蕊4～5枚，与萼片对生，花药黄绿色，成熟后纵向开裂散粉。花粉在数日内陆续散粉，数量多，重量轻，可随风飘落到很远，是典型的风媒花。

(2)雌花　簇生于叶腋,无花瓣、无雄蕊,仅有花萼和雌蕊组成的不完全花。花萼 2～4 裂,裂片包被子房,子房上没有花柱,只有 4～6 枚触须状柱头,接受花粉的能力可保持 15～20 d(图 6-25)。结一粒种子,包在由花萼和子房壁形成的果皮中。果实上有 2～4 个刺或无刺。

(3)两性花　有雄蕊、雌蕊但无花瓣的不完全花。两性花的花萼,有些开展,形似雄花;有些包被子房,形似雌花,但柱头与花药都从花萼顶端伸出,有结实能力。

2. 植株的性型

菠菜按植株上花的种类,可以分为 5 种性型不同的植株。

(1)绝对雄株　花薹上仅生雄花,穗状花序。植株较矮,基生叶小而少,茎生叶发育不良或呈鳞片状,抽薹期比雌性株早 7～10 d,是低产株型(图 6-26)。

(2)雌性株　花薹上仅生雌花,位于叶腋呈簇生状。植株高大,生长旺盛,基生叶和茎生叶均发育良好,抽薹晚,在生产中为高产株型(图 6-27)。

(3)营养雄株　花薹上仅生雄花,位于叶腋呈簇生状。抽薹期近似于雌性株,植株高大,茎叶发达,是制种中理想的供粉植株。

(4)雌雄同株　花薹上有雌花和雄花,抽薹期和植株形态近似于雌性株,是高产株型。

(5)两性花株　花薹上有两性花,也有雄花、雌花,抽薹期与株型近似于雌性株。

在一般品种中,雌雄同株、两性花株不多见,主要是雌性株和雄性株(包含绝对雄株和营养雄株),二者的比例因品种而异,总体为 1∶1。

图 6-25　雌花

图 6-26　绝对雄株

图 6-27　雌性株

(五)采种方式

1. 秋播老根采种法

秋季适时播种,以 4～8 片真叶的大苗露地越冬,翌春返青缓苗、抽薹、开花、结籽。对植株耐寒性进行自然选择,有利于品种抗寒性的保持。植株抽薹时营养体较大,花薹分枝多,开花结籽多,千粒重高、发芽率高,主要用于原种生产。

2. 埋头采种法

在日平均气温降至 3～4 ℃,土壤将要封冻的 11 月上旬播种,以萌动状态的种子在土壤中越冬,翌春天气转暖后陆续出苗,长日照时抽薹、开花、结籽。

3. 春播当年采种法

早春 4 月上旬地膜下浅沟直播,5 月份便可抽薹、开花、结籽。比冬播埋籽制种产量高,并且通过密植可进一步提高制种产量,对不适合越冬的品种较为适宜。

（六）制种技术

1. 常规种子生产技术

微课：菠菜种子生产技术

菠菜常规制种主要采用上述 3 种方式。生产中多采用秋播老根采种法。

（1）土地准备　菠菜为典型的风媒花，花粉细小，传播距离远，因此，制种田与其他菠菜品种制种田隔离 1 000 m 以上，并且防止农户菜园菠菜抽薹。以小麦田等为前茬，前茬结束后，施农家肥 45～75 t/hm^2 做基肥，氮磷复合肥 300～375 kg/hm^2，深翻、整地。基肥不足时幼苗生长细弱，越冬死苗多，返青后生长缓慢，抽薹差，分枝少，产种量低。

（2）播种　冬季菠菜停止生长时具有 4～10 片叶的幼苗可安全越冬。在日均温降至 17～19 ℃，8 月中下旬播种，越冬时能达到叶龄标准，是秋老根制种的适宜播期。播种过早，冬前苗龄大，外叶衰老，越冬期间干枯脱落多，早春返青后又因根系吸水不足以弥补叶面蒸腾失水，外叶继续干枯脱落，也不利于产种量提高；播种过晚苗龄小，抵抗力差，越冬死亡率高。制种栽培以开沟条播、稀播为宜，行距 15～20 cm，播种量 60～75 kg/hm^2，播种深度 2～3 cm。菠菜种子果皮较硬，播前用凉水浸种 12～24 h，捞出后用湿麻袋保湿，在 15～20 ℃条件下催芽，每天搅拌一次，4～5 d 后露白时播种，播后灌水。

（3）越冬前管理　菠菜出苗后适当控水蹲苗，促进扎根（图 6-28）。2～3 片真叶时，施尿素 75～150 kg/hm^2 促进生长（图 6-29）。入冬后待土壤夜冻午消时灌封冻水。也可在封冻前种株浅培土，或顺行施 45～60 t/hm^2 半腐熟有机肥提高保温效果。灌封冻水前，喷药防治蚜虫。特别是菜心及近地面的菜叶背面是蚜虫的重要过冬场所，如冬前不加防治则会增加翌春防治的困难，在翌年继续重点预防，同时注意防治潜叶蝇为害（图 6-30）。

图 6-28　出苗

图 6-29　幼苗

图 6-30　大苗越冬

（4）春季管理　春季种株返青后长出 5～6 片叶时间苗，株距 10～15 cm（若埋籽制种和春播制种，株距可保持 8～10 cm）。待雌性株全部结籽后，将雄性株全部拔除。早春抽薹前控制灌水（图 6-31），当部分种株抽薹时灌水，施尿素 225～300 kg/hm^2，盛花期施氮磷复合肥 225～300 kg/hm^2。进入 5 月中旬以后，喷施 0.2%～0.3%的磷酸二氢钾 2～3 次，使种粒饱满充实。开花至盛花期，适时灌水，盛花期后停止灌水，促进种子成熟。

（5）去杂去劣　菠菜制种分 3 次去杂去劣。第一次是营养生长期：春季返青后，叶簇长成，花薹即将抽出时，根据植株长势，叶簇、叶片数、叶色、叶形、叶面皱褶程度、叶片厚度、缺刻、叶柄长度、叶片展开程度等，淘汰不符合品种特征特性的植株。第二次是在抽薹初期：开始抽薹

5～7 d时，将群体中已经抽薹的植株全部拔除，保留营养生长期较长、抽薹一致的植株。第三次在花薹伸长后期：花薹已经充分长成，雌花即将开放，拔除过早开花的雄株，选留与雌性株同期开花的营养雄株，满足授粉需要，保持雌性株种性。

图 6-31　抽薹开花

(6)收获脱粒　菠菜种子成熟后容易脱落，收获过晚硬实种子增多。当种株半数以上的枝叶变黄、果皮呈黄绿色时收割。在晒场上堆成小堆后熟干燥，隔 2～3 d 翻动 1 次，以防堆内发热。在气候潮湿地区，收后捆成小把，悬于避雨棚内的架上风干。晒干后用磙子压碾或脱粒机脱粒，经风选和精选后晒种 3～4 d 收藏。产量 3 000～4 500 kg/hm^2。

2. 杂交制种技术

菠菜杂种一代优势明显，目前，菠菜的杂交制种多利用雌株系制种或利用两个配合力高的普通品种拔除母本雄株制种。

(1)利用普通品种间杂交制种　春季(春播当年采种法)或秋季(秋播老根采种法)将父母本按 1∶(3～5)行数比播种，夏初或第二年春季母本系统内雌性株开花前，拔除系内所有能产生花粉的植株，即绝对雄株、营养雄株、雌雄二性株及两性花株等。同时将父本系统内的绝对雄株拔除干净。以后自由传粉，成熟后在母本上收获杂交种子。但是拔除母本雄株制种时，清除母本系统内能产生花粉的植株比较费工(要每隔 3～4 d 拔除 1 次，共需 5～6 次)，并且雌、雄两性株鉴别要有丰富经验，往往不能及时彻底拔除，降低了种子纯度。

(2)利用雌株系制种

①雌株系　是利用同一品种内的雌性株与两性株之间杂交，通过选育获得接近 100%雌性株的株系。同时选育约有 5%雄花的并与雌株系对应的保持系，用于繁育雌株系。

②雌株系和保持系繁殖　在繁殖区内，将雌株系及其保持系按(3～5)∶1 的行比种植，自然授粉，并保证在繁殖区周围 2 000 m 以上无其他菠菜品种。在各生育期，严格按雌株系、保持系的特征特性去杂去劣。这样从雌株系上采收的雌株系种子，用于与父本配制一代杂种，从保持系上收获的种子可用于来年繁殖雌株系。用大株采种法繁殖雌株系及其保持系。

③杂交制种及父本系繁殖　春季采用地膜覆盖平作栽培，将雌株系和父本系按(6～8)∶1 的行比种植。在 1 000 m 空间隔离的制种区内，任其自然授粉。父本晚 3～5 d 或分期播种。在各生育期严格去杂去劣，种子成熟后分行采收脱粒。这样从雌株系上采收的种子即为一代杂种，供生产上使用，父本系在授粉结束后拔除。父本系在单独繁殖区内进行，禁止在杂交制种田中繁殖，防止与一代杂种混杂。一代杂种的制种方法可采用小株制种法，其他管理参照常规制种。制种产量一般为 2 250～3 750 kg/hm^2。

四、芹菜制种技术

芹菜，别名旱芹、药芹，伞形科芹属二年生草本。原产地中海沿岸沼泽地带，我国栽培历史悠久，是四季的主要蔬菜之一。芹菜分为本芹和西芹两类，西芹为芹菜的一个变种，与本芹在形态上差别很大。本芹的叶柄细长中空、纤维较多、香味浓；西芹叶柄肥厚

微课：芹菜品种类型与生物学特性

富含肉质、实心、质脆、香味淡，具甜味。

(一)生物学特性

1. 植物学特征

浅根系植物，根密集于 10～20 cm 土层内，不耐旱涝。叶片生于短缩茎基部，奇数二回羽状复叶。叶柄长而肥大，颜色因品种而异，有浅绿、黄绿、绿色和白色。叶柄上有纵棱，在维管束附近的薄壁细胞中有油腺，分泌具有特殊气味的挥发油。维管束的外层是厚角组织。复伞形花序，异花传粉。双悬果，果实圆球形，棕褐色，外皮革质，千粒重约 0.4 g(图 6-32)。

图 6-32 芹菜的种子

2. 生长发育周期

芹菜生长发育周期可以分为营养生长期和生殖生长期两个阶段。

(1)营养生长期 大体可分为幼苗期和发棵生长期。

①幼苗期 从播种到 7～8 片真叶展开。从播后种子萌动到子叶充分展开，在有光和适温条件下需 10～15 d。

②发棵期 本芹生长快，从 5～7 叶后进入快速生长期；西芹生长慢，从 8～9 叶开始进入快速生长期。叶柄迅速伸长增粗，叶芽陆续分化抽生叶片，植株呈叶丛状，叶片 20～50 多片。

(2)生殖生长期 种株通过春化后，翌春在长日照和适温条件下抽薹、开花、结实。

3. 对环境条件的要求

芹菜为半耐寒性蔬菜，需要冷凉温和的气候和湿润的环境。种子成熟收获后有 3～4 个月的休眠期。种子发芽率 50%～60%，夏季约 40%。发芽适温 15～20 ℃，25 ℃以上发芽力下降或不发芽。有光条件容易发芽，并且要求较高的氧气供应。叶的生育适温为白天 20～25 ℃，夜间 10～18 ℃，幼苗可耐－5～－4 ℃的低温和 30 ℃的高温，成株可耐－10～－7 ℃的低温。生殖生长适温为 15～20 ℃，温度过高将抑制抽薹。芹菜对土壤湿度和空气湿度要求均较高，土壤干旱、空气干燥时，叶柄中的机械组织发达，纤维增多，薄壁细胞破裂使叶柄空心，品质下降。芹菜适宜在富含有机质、保水肥能力强的壤土或黏壤土中栽培，适宜中性或微酸性的土壤。生长期以氮肥为主，幼苗期宜增施磷肥促进发根壮苗，后期宜增施钾肥使叶柄充实粗壮。

(二)花器构造和开花结果习性

芹菜花朵很小，呈白色，由 10～15 朵花组成伞形花序，又由许多伞形花序组成复伞花序。每朵花由 5 个花萼、5 个花瓣、5 个雄蕊和 2 个结合在一起成熟时才裂开的雌蕊组成。花朵开放后花药开裂散粉，开药散粉后 2～3 d，柱头一裂为二，成熟接受花粉，自花授粉受精很少，靠蜂、蝇等昆虫异花授粉而结实。双悬果成熟后沿中缝线裂成两半，悬挂在两个心皮柄上。半个果实近扁圆球形，不再开裂，内有一粒种子，所以生产上播种的“种子”实际上是半个果实。芹菜为低温、长日照、绿体春化型作物。幼苗有 3～4 片真叶在 2～5 ℃的低温下经过 10～15 d 可完成春化。然后在长日照下通过光照阶段，开始花芽分化。经过花芽分化的植株，在长日照和较高的温度下迅速抽薹，在主花薹顶端形成复伞花序，发生三杈分枝，各分枝的顶端又形成复伞花序，再发生三杈分枝，不断形成多级分枝。

(三)采种方式

1. 成株采种

5 月中下旬播种,10 月上中旬长成成株,初选留种株假植在阳畦中或窖藏越冬。翌春定植,在种子田中抽薹、开花、结籽。由于成株采种能按品种的标准性状进行选择,因而生产的种子种性纯正,不易退化,种子饱满,产量较高。缺点是占地时间长,种子成本高,一般多在原种生产中采用。

2. 小株采种

用未成龄的幼小植株作种株采种。一般是 7 月上中旬播种,冬前育成有 5～6 片真叶的大苗,越冬后抽薹、开花、结籽。小株制种不能对性状进行充分选择,无法保证种株都符合本品种标准性状,多代小株采种会引起品种退化。小株制种占地时间短,种子成本低,是良种生产中最常用的制种方式。

(四)制种技术

微课:芹菜种子生产技术

1. 种株培育

(1)播种期　芹菜良种多用小株采种方式,在冬前培育出有 5～6 片真叶的健壮大苗,在 7 月上旬前后播种育苗。用原种或原种一代、二代等原种级种子播种育苗。播种量 10.5～15 kg/hm^2。播种时正值高温季节,地面蒸发量大,播后出苗缓慢,幼苗不耐高温和强烈光照,生长缓慢。

(2)种子处理　种子用 50 ℃温水浸泡 30 min 后捞出,再放到 20 ℃清水中浸一昼夜,沥净水分,用纱布包裹,放在 15～20 ℃潮湿环境条件下催芽,每天用水冲洗 1～2 次,3～4 d 后 30%种子露白时播种。也可用 1 000 mg/kg 硫脲或 1 600 mg/kg 赤霉素液浸种 12～24 h 后播种。

(3)苗床准备　用休闲地或二年内未种过芹菜、萝卜、茴香等作物的田块,苗床施腐熟有机肥 25 kg/m^2,三元素复合或复混肥 100 g 加 50%多菌灵 50 g,适当加入微量元素肥料。深翻耕,细耙耱,做成宽 1.5～2 m 的畦,每公顷制种田需苗床 300 m^2。

(4)播种　栽植 1 hm^2 芹菜,本芹夏秋育苗需种 2.25～2.7 kg,西芹需种 0.3～0.75 kg。播种时先浇透,在苗床上撒一层细薄土,再均匀撒播种子,覆细沙土 0.5 cm,覆盖薄层麦草或在苗床 1 m 高处搭建遮阳网,4～5 d 后再灌一次水。

(5)苗期管理　出苗后逐渐揭除覆盖柴草,前期白天温度保持 15～20 ℃,晚间保持 10～15 ℃。依靠遮阳网降温,长出 2 片真叶时可完全拆去阴棚。苗期保持土壤湿润,小水勤浇,及时拔除杂草(图 6-33)。幼苗 4～5 片真叶展开后,适当控水。苗齐后浇施 0.2%尿素水,之后每半月施三元肥 40 g/m^2,叶面喷 0.2%尿素液、0.3%磷酸二氢钾液 1～2 次。幼苗长到 2 片真叶时进行间苗,分两次进行,最后保持苗距 2 cm。间苗后及时灌水。

图 6-33　芹菜苗期

(6)假植贮藏　新疆冬季比较寒冷,10 月中下旬种株收获时，根据叶柄、叶片和植株形态选择符合本品种标准性状的植株，保持根系完整，把种株成行码放进行窖藏，培湿土 8～10 cm，行距 10 cm。浅灌一次底水，窖藏初期敞开通风降湿，天气冷时盖窖口，窖藏期间保持窖温 2～3 ℃。

2. 种株春季采种

（1）土地准备　芹菜是异花授粉作物，昆虫传粉，要求与其他品种制种隔离 1 000 m。并在制种区内没有香芹、根芹、野生芹菜等蔬菜。选择没有种过芹菜、胡萝卜、芫荽的田块，要求土壤肥沃、灌水方便。精细整地，定植前施入腐熟有机肥 45～60 t/hm^2，复合肥 300 kg/hm^2，耙耱混匀做畦。畦宽 1～1.2 m，畦高 8～10 cm，覆 1.4 m 宽幅地膜，畦沟宽 40 cm。

图 6-34　芹菜抽薹

（2）定植　4 月上中旬将假植在菜窖的种株，适时定植在制种田中。单株栽植，一畦 4 行，行距 35～40 cm，株距 20 cm，栽后灌水，5～7 d 再灌缓苗水。到现蕾、种株分枝期，控制灌水，进行蹲苗，连续中耕，使花薹敦实，节间粗壮，降低种株高度（图 6-34）。

（3）开花结籽期管理　开始开花时结束蹲苗，结合灌水施尿素 225 kg/hm^2，氮磷复合肥 225～300 kg/hm^2。当花薹上出现 7～8 层花序，其中 3～6 层已经结种子时摘心，促进种粒饱满。开花结籽期间适时灌水，为防止种株倒伏，封垄前种株培土，设立支架。

（4）种子采收　8 月中下旬种子成熟，应适时收割。由于芹菜的复伞花序是由下层向上层开放，单株花期较长，种子成熟期很不一致，在中下层种粒变黄后就要整株收割。种株脱水达到 70%后脱粒，过干花枝进入种子多，精选困难，制种产量 1 500～1 800 kg/hm^2。

五、芫荽制种技术

微课：芫荽种子生产技术

芫荽（*Coriandrum sativum* L.）英文名 coriander，又名胡荽、香菜，伞形花科芫荽属的一年生草本。以嫩叶和叶柄供食用，种子又是重要的调料。芫荽原产地中海沿岸及中亚，汉代由张骞出使西域时传入我国，现栽培普遍。

（一）生物学特性

1. 植物学特征

图 6-35　芫荽幼苗

芫荽的根为直根系，较粗壮。茎在营养生长期内短缩，呈短圆柱状。根出叶丛生，叶丛半直立（图 6-35）；叶为 1～2 回羽状全裂叶，叶柄绿色或淡紫色。植株通过阶段发育后抽生花茎，茎端分枝（图 6-36），每枝顶端生复伞形花序。花小，白色，每一花序有小花 11～20 朵，花序外围的花较大（图 6-37）。果为双悬果（图 6-38），呈圆形，黄褐色，有芳香味；双悬果可分成半球形单果 2 枚，每果内含种子 1 粒。千粒重 5.5～11 g，种子寿命为 4～5 年。

2. 对环境条件的要求

芫荽为耐寒性蔬菜，发芽适温为 20～25 ℃，生长适温为 17～20 ℃，超过 30 ℃以上，易发生抽薹开花。植株可耐$-10\sim-8$ ℃的低温，在较低温度下生长的植株，叶及叶柄的颜色变紫。属长日照作物，14 h以上的日照，能促进芫荽抽薹、开花、结实。短日照下，花期延迟，不易结实。在生长过程中，光照充足，植株生长健壮，光照不足，植株生长弱，产量低。对土壤要求不严格，但在土质疏松、保水性强、肥沃的土壤中生长良好。

图 6-36　芫荽花薹

图 6-37　芫荽花序

图 6-38　芫荽的种子

（二）制种技术

1. 土地准备

芫荽是异花授粉作物，靠昆虫传粉，要求制种田与农户菜园芫荽、其他芫荽品种隔离 2 000 m以上。芫荽制种以高海拔冷凉地区质量好、产量高，多采用春季直播制种。选3年内未种过芫荽、芹菜的田块种植，施腐熟有机肥45～60 t/hm^2，磷酸二铵225 kg/hm^2。做1～1.5 m宽平畦，畦间距40～50 cm，便于田间操作。

2. 催芽播种

在高海拔地区芫荽制种在春季4月下旬至5月上旬播种，8月下旬至9月初收获种子。芫荽出芽慢，幼苗初期生长缓慢，需浸种催芽。方法是：将种果碾压成两半，注意碾压时不能压坏种子。碾开的种子用清水浸泡12～24 h，然后用纱布包好或装入塑料盒内保湿，置于20～22 ℃温度下催芽，每隔24 h翻动1次，用清水淘洗稍晾干后继续催芽，待多数种子“露白”时即可播种。在畦面上按行距15～20 cm均匀开浅沟条播，沟深5～8 cm。种子使用量7.5～11.25 kg/hm^2，覆土1～2 cm。稍加镇压，沿播种沟再覆1～2 cm细沙，防止土壤板结，促进出苗。播种后灌水，保持土壤湿润。

3. 田间管理

出苗后苗高5 cm时，按株距3～5 cm进行第一次间苗。结合间苗中耕除草，并对空行深翻，促进根系发育。间苗结束后，结合灌水追施尿素150 kg/hm^2。苗高10 cm第二次间苗，间苗时剔除弱苗、病苗、杂株，保留符合本品种特征的壮苗，留苗密度12万～13.5万株/hm^2。以后根据苗长势适当控制水肥，防止枝叶徒长，促进花薹抽出。花薹抽出时结合灌水追施尿素、硫酸钾各150 kg/hm^2。初花期前清除早抽薹植株，在盛花期追施磷酸二铵225 kg/hm^2、尿素150 kg/hm^2。花期结束后喷施0.5%磷酸二氢钾2～3次。

4. 种子收获

开花结束后，当植株上部30%～40%籽粒变黄即可收割。收获时选择无风雨天气，清晨收获。将刈割的种株捆成小捆，搭“人”字形架晾晒，种株脱水达到75%以上即可脱粒。种株不能过于干燥，否则，脱粒时种子内茎、叶、花枝等杂质携带过多，造成精选困难。脱粒后精选，清除干枯茎秆、不饱满籽粒等杂质，充分晒干，当水分低于8%以下时入库，种子产量1 500～2 250 kg/hm^2。

【课外阅读】

1. 参阅相关资料，了解国内外莴苣种子生产发展前景。
2. 参阅相关资料，了解其他绿叶类蔬菜种子生产。

【课后作业】

1. 研究制定莴苣种子生产技术规程。
2. 调查影响当地莴苣种子生产效益的原因，并提出可行的改进建议。

【实训工作过程作业记录单】

<table>
<tr><td colspan="10">莴苣制种亲本发放单</td></tr>
<tr><td>编号</td><td colspan="3"></td><td>制种地点</td><td colspan="5"></td></tr>
<tr><td>序号</td><td>品种(代号)</td><td>地号</td><td>面积(hm^2)</td><td colspan="4">原种数量(kg)</td><td>户主签名</td><td>备注</td></tr>
<tr><td></td><td></td><td></td><td></td><td colspan="4"></td><td></td><td></td></tr>
<tr><td colspan="10">填表人 年 月 日</td></tr>
<tr><td colspan="10">莴苣制种田间管理档案记载表</td></tr>
<tr><td>合同户编号</td><td colspan="3"></td><td colspan="2">户主姓名</td><td colspan="4"></td></tr>
<tr><td>地块名称(编号)</td><td colspan="3"></td><td colspan="2">制种面积(hm^2)</td><td colspan="4"></td></tr>
<tr><td>播期</td><td></td><td>播量(kg)</td><td></td><td>出苗期</td><td></td><td colspan="2">出苗率(kg)</td><td colspan="2"></td></tr>
<tr><td>定植整地</td><td>日期</td><td></td><td>行距(cm)</td><td colspan="2"></td><td colspan="2">隔离距离(m)</td><td colspan="2"></td></tr>
<tr><td rowspan="2">追肥</td><td>日期</td><td></td><td>种类</td><td colspan="2"></td><td colspan="2">施肥量(kg/hm^2)</td><td colspan="2"></td></tr>
<tr><td>日期</td><td></td><td>种类</td><td colspan="2"></td><td colspan="2">施肥量(kg/hm^2)</td><td colspan="2"></td></tr>
<tr><td rowspan="4">灌溉</td><td>日期</td><td colspan="3"></td><td>灌量(m^3)</td><td colspan="4"></td></tr>
<tr><td>日期</td><td colspan="3"></td><td>灌量(m^3)</td><td colspan="4"></td></tr>
<tr><td>日期</td><td colspan="3"></td><td>灌量(m^3)</td><td colspan="4"></td></tr>
<tr><td>日期</td><td colspan="3"></td><td>灌量(m^3)</td><td colspan="4"></td></tr>
<tr><td rowspan="3">病虫害防治</td><td>种类</td><td></td><td>防治方法</td><td colspan="6"></td></tr>
<tr><td>种类</td><td></td><td>防治方法</td><td colspan="6"></td></tr>
<tr><td>种类</td><td></td><td>防治方法</td><td colspan="6"></td></tr>
<tr><td>抽薹时间</td><td colspan="3"></td><td>开花时间</td><td colspan="5"></td></tr>
<tr><td>采收日期</td><td></td><td colspan="2">打籽时间</td><td></td><td colspan="2">实际产量(kg)</td><td colspan="3"></td></tr>
</table>

<table>
<tr><th colspan="6">莴苣制种去杂去劣档案记载表</th></tr>
<tr><td>检验时期</td><td>被检株数</td><td colspan="2">杂株数</td><td>纯度(%)</td><td>备注</td></tr>
<tr><td>苗期</td><td></td><td colspan="2"></td><td></td><td></td></tr>
<tr><td>抽薹期</td><td></td><td colspan="2"></td><td></td><td></td></tr>
<tr><td>检验人</td><td></td><td>制种户</td><td></td><td colspan="2">年　　月　　日</td></tr>
</table>

<table>
<tr><th colspan="9">种子检验收购档案记载表</th></tr>
<tr><td>种子质量检验结果</td><td>发芽率(%)</td><td></td><td>水分(%)</td><td></td><td>净度(%)</td><td></td><td>纯度(%)</td><td></td></tr>
<tr><td>种子收购</td><td>日期</td><td></td><td>重量(kg)</td><td></td><td>单价(元)</td><td></td><td>总价(元)</td><td></td></tr>
</table>

参考文献

[1] 魏照信，陈荣贤.农作物制种技术[M].兰州：甘肃科学技术出版社，2008.

[2] 申书兴.蔬菜制种可学可做[M].北京：中国农业出版社，2000.

[3] 沈火林，乔志霞.瓜类蔬菜制种技术[M].北京：金盾出版社，2004.

[4] 王炳良.蔬菜制种百问百答[M].北京：中国农业出版社，2009.

[5] 李庆伟.园艺植物种子生产[M].北京：中国农业出版社，2022.

[6] 束剑华.园艺植物种子生产与管理[M].苏州：苏州大学出版社，2015.

[7] 陈杏禹.蔬菜种子生产技术[M].北京：化学工业出版社，2011.

[8] 张光昱.种子生产实用技术[M].北京：中国农业出版社，2021.

[9] 周显忠，梅四卫.种子生产技术综合实训指导[M].北京：化学工业出版社，2018.

[10] 孙新政.园艺植物种子生产[M].北京：中国农业出版社，2010.

[11] 宋铁峰.瓜类蔬菜育种与种子生产[M].北京：化学工业出版社，2013.

[12] 王鑫.十字花科蔬菜育种与种子生产[M].北京：化学工业出版社，2012.